「厨娘物语

物语
Beauty Cate」

c 小鹿 ＊ 著

中国轻工业出版社

小厨娘的序言

嗨，我是c小鹿！我是一名美食博主。

大学毕业之后，我和男友留在上海一起创业，开了家影视工作室。

那段时间，要面对有点难缠的甲方、要经常没日没夜地加班……那段日子，完全可以用昏天黑地来形容。

从小没进过厨房的我，开始在闲暇时间尝试下厨，无意中从烹饪美食的过程中找到了安慰。看着漂亮的食材在手中，变成一道道可口的菜肴，真的是一件非常有爱的事！

从此，下厨成了我最大的兴趣爱好，生活也变得明亮起来！

2013 年的时候，我和男友商量着：做饭的过程这么美好，不如拍下来吧？

就这样，在家里的一张小白桌上，他拍我做，有了一档叫《厨娘物语》的美食节目。

以每周更新的形式发在各大网络平台上，受到了很多朋友的关注和喜欢。我的美食自媒体内容创作之路也从此开启。

几年的时间很快就过去了，我通过美食传递了很多自己眼中的有爱生活。我考取了国家公共营养师的资格证书，成为了一名公共营养师。我也成立了自己的美食品牌，慢慢把爱好变成了事业！

其实，下厨很简单，过上健康、有品质的生活也没那么难，我把下厨的技巧和对美食的理解，统统都写进了这本书里。

跟着我一起，开启有爱的生活吧！

c小鹿

目 录

第一章

一年四季

第二章

偏偏喜欢你

第三章

好好吃饭

第四章

厨娘日记

第五章

生活一点甜

Four seasons a year

01

第一章

一年四季

Four Seasons a Year

Four Seasons a Year

一年四季

Four Seasons a Year

春日樱花

春光明媚的春天，树也绿了，花也开了，整个世界都变得明亮起来。

好多人爱在春天去赏樱，与樱花的合影也都特别美。

樱花虽然美，但是花期特别短，错过了樱花季也没关系，可以把美景留在食物里嘛！

每年春天的樱花季我都会做樱花料理，下面这2款点心做法简单、好吃、颜值高，周末可以和爱的人或者喊上几个好朋友，在家来一场浪漫樱花主题的下午茶哦！

扫码观看视频

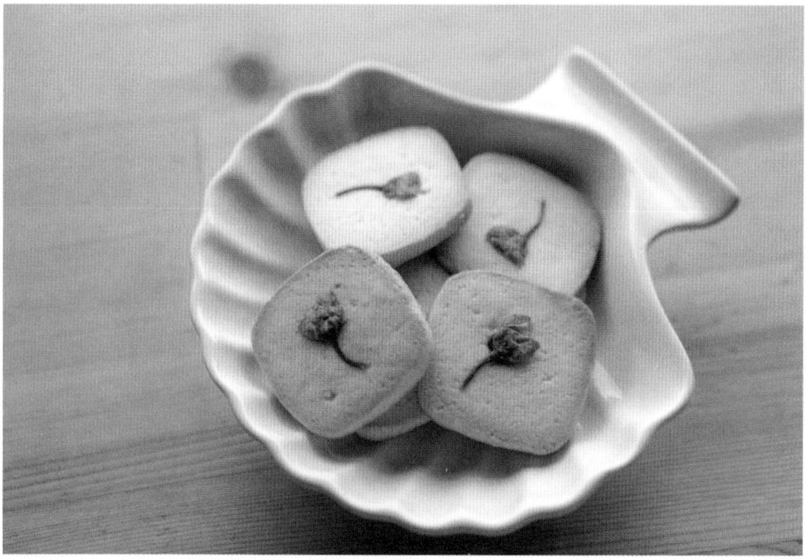

樱花黄油饼干

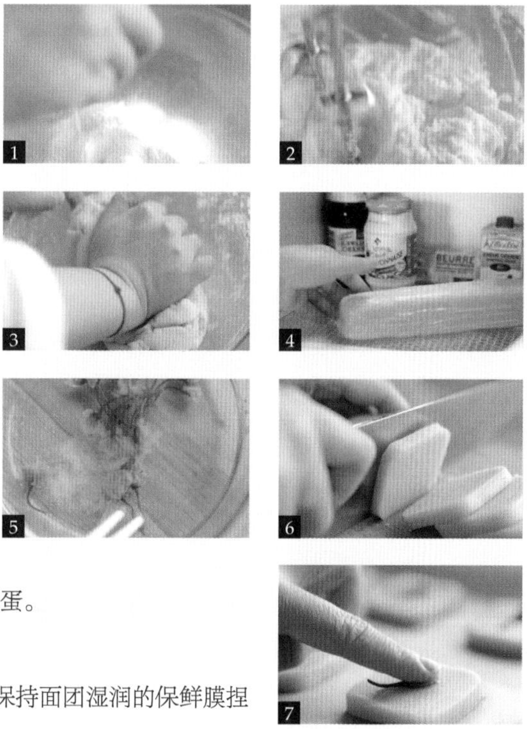

食材

化黄油	140g
糖粉	60g
鸡蛋	1个
低筋面粉	250g
盐渍樱花	若干

步骤

1 将140g化黄油放入碗中。倒入60g糖粉，打入1个鸡蛋。

2 用电动打蛋器打发均匀，筛入250g低筋面粉。

3 搅拌均匀后揉成光滑的面团，包上有助于塑形、可保持面团湿润的保鲜膜捏成一个长方形。

4 放入冰箱冷藏30分钟。

5 将盐渍樱花用清水浸泡后，用厨房纸巾吸干水分，修剪、去根，放在一边待用。

6 将面团从冰箱取出，切成8mm厚的片，放入烤盘中。

7 将樱花轻轻按入饼干坯。烤箱预热至170℃，放入饼干坯，烤10分钟。取出后冷却片刻，樱花黄油饼干就做好啦，开吃吧！

樱花水信玄饼

食材

樱花	1 朵
白凉粉	8g
蜂蜜	20g
热水	200mL
黄豆粉	5g
蜂蜜	5mL

步骤

1 准备一口小奶锅，用200mL热水冲泡8g白凉粉。

2 把白凉粉倒入模具中，先倒一半。放入一朵泡开的樱花。

3 盖上模具的盖子，再用漏斗把白凉粉液体倒满模具，静置1小时倒出。

4 脱模后倒入碟中，配上黄豆粉和蜂蜜。

5 樱花水信玄饼就做好了，开吃吧！

春日便当

微风徐徐的四月，正是春游的好时候。在公园的时候总能看见很多学生聚在一起玩耍，突然想起自己小时候，每次学校组织春游，妈妈都会帮我提前一晚精心准备好春游便当，我睡前还带着期许和喜悦的心情，激动到后半夜才能睡着。

春游真是件能让人感到幸福的事呢，教大家做3款适合带去春游的饭团便当，每种饭团都好吃又可爱，装进盒子就能带出门啦！

扫码观看视频

三角培根饭团

食材

培根	4 片
芝士	1 片
米饭	200g
洋葱末	50g
泡菜碎	70g
食用油	10mL

步骤

1 锅内倒入10mL食用油，倒入洋葱末、泡菜碎，大火炒香，放入米饭炒匀后盛出备用。

2 芝士片平分成4份备用。准备1片培根，放上1/4片芝士，取1/4炒米饭，团成饭团后放在培根上。

3 用培根包裹芝士和炒米饭，卷成三角形，用牙签固定。用同样的方法制作剩余的3个饭团。

4 锅内热油，放入饭团煎至两面金黄后夹出，三角培根饭团就做好啦！开吃吧！

圆圆金枪鱼饭团

步骤

1 将金枪鱼罐头倒入米饭中，挤上沙拉酱搅拌均匀。

2 虾去壳、去头，留虾尾，煮熟。

3 将米饭平分成3等份，取1份米饭包入1个虾仁，握紧后揉圆，1个圆圆金枪鱼饭团就做好了，按照同样的方法制作另外2个饭团。

食材

米饭	200g
金枪鱼罐头	1 个
沙拉酱	20mL
虾	3 个

方方午餐肉饭团

步骤

1 将午餐肉均匀切片后对半切开，将海苔片剪成细条状备用。

2 锅内倒入食用油，放入午餐肉煎至两面金黄、夹出备用。

3 在200克米饭中加入10g海苔香松搅拌均匀。

4 取30g米饭，团成一个小正方形，放上1块煎好的午餐肉，缠上海苔片，1个方方午餐肉饭团就做好了。按照同样的方法制作剩余的饭团。

食材

午餐肉	1 罐
米饭	200g
海苔香松	10g
海苔片	1 张
食用油	10mL

春日茶香排骨

我从小就对中式料理充满敬佩，不仅药材能入膳，茶叶也能。
《茶赋》中提到，茶能"滋饭蔬之精素，攻肉食之膻腻"。
在这春茶上市的季节，我教大家做一道充满春意的茶香排骨。

以茶代替水炖煮出来的排骨，再趁热浇上炸好的茶叶。
排骨酥软而不腻，满口茶香，让人有种把春天吃进嘴里的感觉。
赶紧用家中的茶叶试试吧！

扫码观看视频

食材

排骨	500g
绿茶	5g
蒜	3 瓣
姜	4 片
料酒	5mL
黄冰糖	10g
生抽	10mL
老抽	5mL
盐	1g
茶油	20mL

步骤

1 排骨洗净。锅内倒300mL凉水，放入排骨和料酒，大火焯水，捞出待用。

2 先将90℃的水倒入杯中将杯子预热。放入绿茶，先在杯中倒入1/5的热水，摇晃醒茶，让茶叶散发出香味。用高注法倒入热水冲泡，放在一旁静置待用。

3 锅内倒入茶油10mL，放入黄冰糖，小火加热，炒出糖色，放入排骨翻炒，让排骨均匀上色。

4 加入蒜瓣和姜片炒香，加入生抽和老抽调味，滤入茶水300mL，大火煮开。

5 小火焖煮40分钟左右。

6 开盖，大火煮至收汁，加入盐调味。

7 将排骨盛出，码入盘中。锅内倒入茶油10mL，放入泡过的茶叶炒香，趁热把炸香的茶叶浇在排骨上，春意满满、酥软而不腻、满口都是淡淡茶香的茶香排骨就完成啦！

Tips ✳

1\ 泡茶之前将茶杯预热可提高茶具的温度，这样冲泡后的茶水温度就相对稳定。

2\ 泡茶时，从高处注水可以更充分地激发出茶香。

3\ 使用塔吉锅炖排骨可以减少烹饪时间，我只用了 25 分钟就把排骨炖好了。

春日沼夫三明治

有充满春天气息又有爱的三明治吗？
有，它就是春日沼夫三明治。

它是在 Instagram（Face book 公司旗下一款在线图文分享社交软件）上火了很久的一款
三明治，在日本特别受欢迎，可作为便当，和朋友或者和家人野餐时也可食用。

和一般三明治不同的是，它里面塞着满满的圆白菜，因此，它也被称为"圆白菜三明治"，
一开始我也觉得圆白菜可能没有生菜好吃，吃了才知道是自己对圆白菜有偏见。

裹着酱的圆白菜比生菜要好吃很多，还能一直保持脆爽的口感，适合和芝士、培根搭配食用，
还能保持营养均衡！

至于为什么叫"春日沼夫三明治"呢？因为这款三明治是日本陶艺家大沼道行的妻子做给他
吃的。顿时感觉整个三明治都充满了爱。

这么有爱的三明治，一起试试吧？

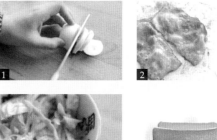
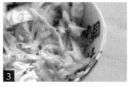

扫码观看视频

食材

圆白菜	2 片
培根	2 片
鸡蛋	1 个
吐司	2 片
芝士	1 片
蛋黄酱	适量
千岛酱（或任何你爱吃的酱）	适量

步骤

1 鸡蛋放入锅中，加入清水后用大火煮熟，剥壳后，切成圆片。

2 锅内倒油，将培根两面煎熟。

3 圆白菜洗净、切丝，加入千岛酱，搅拌均匀待用。

4 将吐司放入面包机烘烤至变脆。

5 趁热在一片吐司抹上蛋黄酱，放上鸡蛋片，再铺上满满的圆白菜丝。

6 趁热在另一片吐司放上1片芝士、2片培根。

7 迅速地将一片吐司盖上在另一片上，压紧。

8 用刀把吐司对半切开，再竖着摆放好，春日沼夫三明治就做好啦，开吃吧！

Tips ✳

没有面包机也可以把吐司放在平底锅上加热，但口感没有用面包机烤出的酥脆。

春日肉松青团

青团是清明时节流行于江南一带的时令美食，选最嫩的艾草，煮熟后打成艾草汁，混合玉米淀粉和糯米粉揉团包入内馅，上笼蒸熟后吃起来清香软糯，又夹杂着淡淡的青草香，越吃越香。

艾草也可以入药，可以祛湿、散寒、消炎，和糯米做成青团可以去油、解腻、消食、降火。
来教大家做咸、甜 2 种口味的青团。
柔软香糯的外皮夹杂着艾草的香气，包裹着咸的蛋黄肉松和甜的豆沙馅，一口咬下去，软糯却不粘牙，清甜又不油腻。

快做了和家人一起分享吧！

食材

熟咸蛋黄	4 个	热水	50mL
沙拉酱	30g	艾草汁	80g
肉松	30g	色拉油	6g
淀粉	40g	红豆沙	100g
白砂糖	30g	橄榄油	适量
糯米粉	120g		

步骤

1 青团馅：将熟咸蛋黄压碎，加入沙拉酱、肉松，搅拌均匀后，与红豆沙一同放在一旁备用。

2 在淀粉中倒入热水，趁热拌匀至流动状。倒入糯米粉，加入白砂糖、艾草汁揉匀。

3 加入色拉油，揉成光滑的面团。

4 将面团分成8个大小均匀的剂子，再将咸蛋黄肉松馅和豆沙馅各分为4等份。

5 将青团皮放入掌心，用力向下压出一个深坑，在中间填入咸蛋黄肉松馅或豆沙馅后，揉捏收口，轻轻地搓圆。

6 将青团放入蒸笼中，待水烧开后，中火蒸8~10分钟即可。在青团表面刷上一层橄榄油，色如碧玉、清香扑鼻的咸蛋黄肉松青团和豆沙青团就做好啦，开吃吧！

扫码观看视频

夏日糖水

夏天到了，一定要记得多补充水分哦！

每年这个时候，我就会开始煲各种既健康又好喝的糖水。

每次煲上满满一大壶，可以悠悠地喝一整天。

中式糖水既能给身体补充水分，经常食用还有保健的功效，在闷热的夏天喝对身体有好处。

教大家做4款我最常喝的糖水，有除湿消肿的薏米红豆茶，也有清热降火的绿豆沙。

有滋阴润肺的冰糖雪梨，也有小时候最喜欢的糖水黄桃罐头。

食材好买，制作也非常简单。

等一场大雨，坐在家里喝着糖水就是夏天最美好的事情啦！

希望你们会喜欢这4款夏日糖水！

扫码观看视频

清新红豆薏米茶

食材

红豆	50g
薏米	50g
冰糖	100g

步骤

1 红豆、薏米倒入锅中。小火炒熟，大约10分钟。炒到薏米变成淡褐色，红豆变成暗红色。

2 养生壶里倒入1000mL清水。倒入炒好的红豆、薏米和冰糖。

3 炖煮1小时后，清新红豆薏仁茶就做好啦，开喝吧！

Tips ✳

1\ 使用砂锅或高压锅也是同样的步骤。

2\ 炖煮时，砂锅大火烧开后，转小火炖30分钟关火闷20分钟即可。使用高压锅直接选择"煮粥"或者"煮豆"类的挡位。

大大大果粒黄桃

食材

黄桃	2个
冰糖	50g

步骤

1 黄桃削皮、去核、切块，放入养生壶的内壶里。

2 加入50g冰糖，倒入50mL清水。

3 养身壶倒入清水1000mL，炖煮30分钟至自然出汁，也可使用蒸锅，蒸30分钟即可。

4 倒入容器中，插上装饰用的小旗，大大大果粒黄桃就完成啦，开吃吧！

冰冰糖柠檬雪梨

食材

雪梨	1个
冰糖	100g
柠檬冰块	2块

步骤

1 雪梨去皮、切大块。

2 养生壶内倒入清水，放入雪梨块，放入100g冰糖。

3 煮30分钟。如果使用砂锅，大火烧开之后转小火煮20分钟，关火，闷20分钟。使用高压锅按对应的功能键。

4 倒入杯中，放入2块柠檬冰块，冰冰糖柠檬雪梨就完成啦，开喝吧！

绵绵莲子绿豆沙

食材

绿豆	50g
百合	15片
莲子	10粒
冰糖	100g

步骤

1 将绿豆、莲子、百合用清水浸泡6~8小时。

2 养生壶内倒入清水1000mL，放入泡发好的绿豆、百合和莲子。加入100g冰糖。

3 炖煮90分钟，绵绵莲子绿豆沙就做好啦，开吃吧！

Tips ✳

1、将绿豆浸泡后放入冰箱冷藏可防止发芽。

2、我喜欢喝绵绵的绿豆沙，所以煮的时间比较长。若使用砂锅需大火烧开后小火煮一个小时，关火后闷20分钟。若使用压力锅则选择"煲粥"挡。

*

夏日水果碗

天气热的时候，一定会特别想吃冰冰凉凉的甜品。

下面就教大家用水果做各种貌美又好吃的降温水果碗：有冰冰西瓜冰沙碗、滑嫩橙子果冻碗、甜甜菠萝雪糕碗和滑滑香蕉燕麦碗，冰凉又简单的降温解暑小甜品，既能吃到水果本身的清甜，又很好地还原了水果本身的样子，还能少洗一个碗！不用冒着酷暑跑去甜品店了，让别人羡慕、嫉妒去吧！

这4种水果碗都是健康又天然的小冰品，小朋友也能吃，夏天就该这样冰冰凉凉，元气满满地度过嘛！

扫码观看视频

冰冰西瓜冰沙碗

食材

西瓜	1个
巧克力豆	适量
薄荷叶	适量

步骤

1 西瓜对切成两半，取半个，将果肉切成长条，另外半个西瓜将果肉用勺子挖空，待会用来做容器。

2 将西瓜倒入原汁机中，打成西瓜汁。

3 将西瓜汁倒入冰格模具中，放入冰箱，冷冻8小时以上。

4 把冷冻好的西瓜冰放进刨冰机中。

5 将西瓜皮作为刨冰碗，倒入碎冰。

6 撒上巧克力豆当作西瓜子，用薄荷叶装饰，冰冰西瓜冰沙碗就做好啦，开吃吧！

滑嫩橙子果冻碗

食材

橙子	2个
吉利丁粉	5g
薄荷叶	适量
白砂糖	5g

步骤

1 将橙子揉软。将其中1个橙子用剥橙器将顶部划开。用勺子慢慢地挖出橙子果肉，尽量不要破坏果皮。

2 将另一个橙子对半切开，用勺子将果肉挖出。

3 挖出的果肉用手动榨汁机压出橙汁。

4 准备一个小碗，倒入吉利丁粉、白砂糖。

5 倒入20mL热水，搅拌均匀后倒入橙汁中，搅匀后倒入橙子果皮中。

6 放入冰箱冷藏4小时。取出后切开，用薄荷叶装饰，滑嫩橙子果冻碗就做好啦，开吃吧！

甜甜菠萝[※]雪糕碗

食材

小菠萝	2个
淡奶油	150mL
白砂糖	10g
饮用水	50mL

步骤

1 将菠萝顶部切下。沿着果皮的轮廓将果肉切下。

2 取出果肉,菠萝外皮留作容器。

3 将部分白砂糖撒入果肉中,搅拌均匀,腌制15分钟。

4 将腌制好的果肉倒入原汁机,加入50mL饮用水打成菠萝汁。

5 将剩余白砂糖加入淡奶油中,打发至稍有纹路。

6 加入菠萝汁搅拌均匀,倒入菠萝外皮中,盖好后放入冰箱冷冻10小时以上。

滑滑香蕉燕麦碗

食材

香蕉	1 根
猕猴桃（切块）	1 个
芒果（切块）	1 个
稠酸奶	400g
蓝莓	30g
燕麦片	10g
蔓越莓干	20g

步骤

1 香蕉去皮、对切成两半，将肉果弯的一侧切平。

2 将香蕉放入长碟中。

3 倒入400g稠酸奶。

4 放上猕猴桃块和芒果块，撒上蓝莓。

5 将燕麦片放入平底锅中炒香后，倒入香蕉船中。

6 撒入蔓越莓干，滑滑香蕉燕麦碗就做好啦，开吃吧！

夏日酸奶

我是个资深的酸奶控，每次去超市都会忍不住买酸奶。在夏天，
家中的冰箱里永远囤着各种酸奶。

来教大家做3款酸奶小冷饮，外观诱人又美味，而且都是好吃不
胖的哦！

虽然酸奶直接喝就行了，但做成各种小冷饮也很有乐趣呀，
我想，这也是我所传达的"有爱的生活美学"的一部分。

无论身处何处，在经历什么，
都希望你们都找到生活中的小乐趣！

扫码观看视频

酸奶燕麦挞

步骤

1 香蕉去皮、切片放入碗中，碾成泥。倒入燕麦片、蜂蜜搅拌均匀。

2 准备一个麦芬模具，每格放入50g拌好的香蕉燕麦泥，用勺子压实、压成中空杯子状，注意杯子边不留空隙，不然会使酸奶漏出。

3 放入预热至170℃的烤箱烤20分钟，取出后待凉、脱模。

4 将草莓酸奶倒入燕麦挞杯中，摆上草莓。将蓝莓酸奶倒入另一个燕麦挞杯中，摆上蓝莓和薄荷。将两种酸奶做成双拼同时倒入最后一个燕麦挞杯中，在表面装饰草莓和蓝莓。

食材

香蕉	2根
燕麦片	180g
草莓酸奶	100mL
蓝莓酸奶	100mL
蜂蜜	20mL
草莓	适量
蓝莓	适量

酸奶水果冻

步骤

1 准备一个烤盘，铺上油纸。将两瓶酸奶匀速、同时倒入烤盘，做成酸奶双拼。

2 将草莓放在草莓酸奶上，将蓝莓放在蓝莓酸奶上，撒上开心果碎。

3 放入冰箱冷冻12小时，脱模取出，切成均匀的小块。盛出装盘，即可。

食材

草莓酸奶	1瓶
蓝莓酸奶	1瓶
开心果碎	20g
草莓块	80g
蓝莓	40g

酸奶奇亚子杯

食材

奇亚子	60g
蓝莓酸奶	220mL
草莓酸奶	220mL
蓝莓	10 个
香蕉片	适量
草莓片	适量
芒果块	20g
薄荷	适量
即食燕麦	60g
饼干棒	4 根

步骤

1 将60g奇亚子分别倒入蓝莓酸奶和草莓酸奶中，搅拌均匀，静置30分钟，让奇亚子被充分浸泡，酸奶也会变得很浓稠。

2 分别在2个杯中倒入20g即食燕麦。将草莓片贴在其中一个杯子的内壁装饰，倒入草莓酸奶。

3 按照同样的方法，将香蕉片贴在另一个杯子内壁装饰，倒入蓝莓酸奶。

4 在两个杯子的顶部都放入10g燕麦，在草莓酸奶顶部切入20g芒果块，装饰2根饼干棒和薄荷。在蓝莓酸奶顶部放入10个蓝莓，装饰2根饼干棒和薄荷，酸奶奇亚子杯就做好啦，开吃吧！

✳

夏日凉菜

最近连续的高温天感觉真的很不好。

好在，蓝天、白云还是很美的。

好在，还有小凉菜可以放肆地吃。

教大家做4款我最爱的小凉菜！

和之前教的沙拉一样：用罐子。

做好后放入冰箱冷藏，既不用担心串味也更省空间。

可以一口气做好几罐，连着吃几天都没问题。

想吃的时候拿出来开盖就能吃，还能带着去上班。

家里没有罐子的同学，用家里的密封保鲜盒也行。

扫码观看视频

五香卤汁鹌鹑蛋

食材

鹌鹑蛋	15 个
花椒	15 粒
八角	1 个
干辣椒	1 个
香叶	1 片
盐	2g
老抽	10mL
生抽	5mL
冰糖	10g

步骤

1. 锅内倒入300mL清水，放入花椒、八角、干辣椒、香叶。

2. 放入盐、老抽、生抽、冰糖混合煮开，倒入罐头中待用。

3. 锅内倒入500mL清水，放入鹌鹑蛋大火煮约5分钟至熟。

4. 将鹌鹑蛋壳敲碎后放入罐头瓶里。

5. 封盖浸泡，放入冰箱冷藏24小时，五香卤汁鹌鹑蛋就做好啦，开吃吧！

酸辣泡椒腌凤爪

食材

凤爪	8 个	盐	1g
香菜	适量	蒜	3 瓣
小米椒	1 个	生抽	35mL
泡椒	2 个	醋	15mL
姜	3 片	香油	5mL
料酒	5mL	糖	3g

步骤

1 凤爪洗净，剪去趾甲。将凤爪放入清水中，放入姜片、料酒，用大火煮出浮沫。

2 捞出后放入冰水中。

3 凉透后切成两半。

4 放入罐头瓶中，加入泡椒、小米椒、盐、蒜。

5 撒上香菜、倒入生抽、醋、香油、糖。

6 封盖，摇匀，放入冰箱保存24小时以上即可。

Tips ✳

1\ 将煮好的凤爪放入冰水中，这样凤爪吃起来口感才会更筋道。

2\ 切凤爪时，从中间斜切可避开将中间的骨头完全切断，凤爪的大小也适中。

3\ 可根据个人口味调整醋、酱油、盐等调味料的使用量。

4\ 建议在冰箱里放置2天，味道会更好。

低卡酸辣魔芋结

食材

魔芋结	15个	香油	3ml
黄瓜丝	50g	糖	1g
盐	1g	香菜	适量
生抽	15mL	蒜末	适量
醋	5mL	小米椒	适量

步骤

1 锅内倒入清水，煮开，放入魔芋结，大火煮5分钟。

2 将黄瓜丝放入罐头瓶中，再放入煮好的魔芋结。

3 将蒜末、盐、糖、生抽、醋、小米椒混合均匀。

4 撒上黄瓜丝和香菜，倒入酱汁。

5 封盖后放入冰箱保存2个小时左右，低卡酸辣魔芋结就做好啦，开吃吧！

麻酱凤尾黄瓜卷

食材

油麦菜	1小把
黄瓜	1根
煎焙芝麻酱	适量
盐	适量

步骤

1 将油麦菜放入清水中，加入盐，浸泡10分钟。

2 将黄瓜洗净后刨成长片。

3 将油麦菜切段。

4 用黄瓜片卷住油麦菜。

5 放进罐子里，淋上煎焙芝麻酱。封盖保存，放入冰箱2小时，麻酱凤尾黄瓜卷就做好了，开吃吧！

夏日独角兽冰激凌

相信每个女生都有一颗少女心。

夏天的时候，一直忍不住想吃甜筒！

甜甜的冰激凌配上脆脆的蛋筒，简直就是绝配！

下面就来教大家做独角兽冰激凌，梦幻的颜色，吃的时候觉得自己就是个小仙女（这话是我男朋友老白说的）。

更重要的是，这款酸奶冰激凌不光有颜值，它还是我在夏天吃过最好吃的酸奶冰激凌。

一般在家做冰激凌都需要每隔一个小时拿出来搅拌一下，

这个方子在制作时完全不需要搅拌，味道醇厚，没有冰碴，小朋友也可以食用。

拌一拌就能送入冰箱，躺沙发上等几个钟头就能吃到好吃的冰激凌啦！

加上自制的脆皮甜筒！吃完心情简直棒极了！

食材

冰激凌：

淡奶油	350mL
酸奶	200mL
炼乳	50mL
色素（5种颜色）	适量
糖珠	适量

蛋筒皮：

鸡蛋	2个
黄油	60g
低筋面粉	100g
白巧克力	80g
白砂糖	100g

步骤

1 将淡奶油用打蛋器打发至有明显纹路。

2 加入200mL酸奶。加入50mL炼乳，搅拌均匀。

3 把调好的冰激凌液等分成5份，分别滴入5种颜色的色素，搅拌均匀。

4 准备一个稍大的碗，依次把各种颜色的冰激凌液倒入碗中，用牙签拉花，撒入糖珠装饰，放入冰箱冷冻5小时以上。

5 将鸡蛋打入容器中，倒入白砂糖，搅拌均匀。

6 将黄油化开后倒入蛋液中，筛入100g低筋面粉，搅拌至顺滑。

7 预热蛋卷机，倒入1勺面糊，盖上盖子，面糊熟透便将蛋卷机盖掀开。

8 用蛋筒模具卷起蛋筒皮，凉凉定形。

9 将白巧克力用隔水加热法化开后，抹在蛋筒口的外侧，在巧克力上撒上糖珠装饰。

10 从冰箱里拿出冻好的冰激凌，软化片刻，用勺子挖出冰激凌球，放入蛋筒中，梦幻独角兽冰激凌就完成啦，开吃吧！

扫码观看视频

Tips ✳

1\ 打发淡奶油时，无须完全打发。

2\ 滴色素时，每种色素滴1~2滴。

3\ 卷蛋皮时，趁热直接在蛋筒急上卷起，透凉、定形后，再取下模具。

夏日冰碗凉面

炎热的夏天总是伴随着热辣辣的太阳。刚到室外就恨不得立马扭头回去，走到哪里都是热浪，这个时候最适合来一大碗冰凉的冷面啦！

在晶莹剔透的冰碗中放入筋道的荞麦面，倒入酸甜、冰爽的高汤，码上大块的牛肉和脆爽的辣白菜，配上甜蜜蜜的苹果片和清爽的黄瓜丝，再放入半熟的溏心蛋，简直就是完美搭配！解暑又开胃，一口下去，整个人立刻就清爽了，吃完后立刻元气满满！

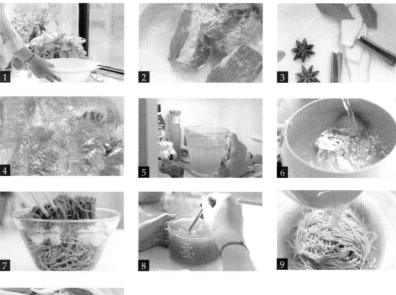

扫码观看视频

食材

冰碗模具	1个
饮用水	500mL
牛肉	500g
香叶	2片
食用油	10mL
料酒	10mL
桂皮	2个
八角	2个
姜	3片
荞麦面	150g
鸡蛋	1个
番茄	3片
苹果	3片
雪梨	3片
黄瓜丝	20g
泡菜	50g
生抽	10mL
米醋	5mL
雪碧	100mL
白砂糖	5g
盐	2g
芝麻	适量

步骤

1 在冰碗模具中加入饮用水500mL，盖上盖，放入冰箱冷冻12小时备用。

2 锅内倒入1L清水，放入牛肉，大火煮沸、焯去血沫。

3 焯好后夹出牛肉。锅中倒入食用油，放入香叶、桂皮、姜片、八角炒香。

4 放入牛肉，炒香后加入热水、料酒盖上锅盖，小火煮1小时，不时地撇去浮油，保持汤底清亮。

5 煮至软烂后夹出牛肉备用，牛肉汤也过滤备用，放凉后一起放入冰箱冷藏。

6 准备配菜和荞麦面，锅内倒入清水，放入1个鸡蛋，将鸡蛋煮至半熟后捞出备用。

7 将浸泡后的荞麦面抖散，放入沸水中煮40秒左右捞出，用冷水冲洗至表面没有黏滑感，放入冰饮用水中备用。

8 倒出300mL牛肉汤，加入生抽、米醋、雪碧、白砂糖、盐，搅拌均匀备用。

9 取出冰碗，放入煮好的荞麦面和牛肉汤。

10 放入番茄片、雪梨片、黄瓜丝、苹果片、泡菜。将煮好的牛肉切片放入，加入半个鸡蛋。淋入10mL泡菜汁，撒上芝麻，即可。

Tips ✳

没有模具的同学也可以用一个大碗倒入水后再叠放一个小碗来做成冰碗。

✳

秋日大闸蟹

俗话说：秋风起，蟹脚痒。

秋天正是大闸蟹膏肥肉美的时候，不吃就太可惜了！

清蒸固然是最能吃出大闸蟹鲜美滋味的方法，但每次都吃清蒸大闸蟹有时候也想换换口味。教大家做3款我自己最喜欢的大闸蟹。

第一种：紫苏清蒸蟹。紫苏有很好的驱寒、杀菌作用，和姜片、料酒一起蒸出来的大闸蟹非常鲜美。

第二种：老少皆宜的蟹黄炒豆腐，把蟹黄和豆腐一起炒，丝滑的豆腐和鲜美的蟹黄，呲溜一口进嘴里，比大口啃蟹还要过瘾。

第三种：我最近很喜欢吃芝士焗蟹斗，用蟹黄和蟹肉堆满了整个蟹壳，再加上浓浓的芝士！一口下去真的很过瘾。

做大闸蟹一定要试试这3种方法哦！

扫码观看视频

紫苏清蒸蟹

步骤

1 把大闸蟹刷干净，在蒸笼内铺上紫苏叶。姜切片后摆在紫苏叶上。

2 将蟹腹向上放入蒸笼内。刷上料酒，再放入2片姜。

3 蒸锅上汽后将蒸屉放入蒸锅中用中火蒸15分钟，拣出紫苏叶。

4 姜切丝。将蟹醋倒入盘中，加入姜丝和白砂糖，即可食用。食用时记得去掉蟹心、蟹肺和蟹胃。

食材

大闸蟹	2只
紫苏叶	3片
姜	1块
蟹醋	适量
白砂糖	1g

芝士焗蟹斗

步骤

1 将蟹壳拆下备用。将蟹膏刮出，放回蟹壳内。

2 剔出蟹身、蟹腿的蟹肉，将蟹钳剪开、剔出蟹肉放入蟹壳。

3 在蟹壳中放入沙拉酱，将表面抹匀。撒上马苏里拉芝士，放入预热至180℃的烤箱烤10分钟。取出后用薄荷叶装饰，芝士焗蟹斗就做好啦，开吃吧！

食材

熟大闸蟹	2只
沙拉酱	10g
马苏里拉芝士	10g
薄荷叶	适量

蟹黄炒豆腐

食材

内酯豆腐	1 盒
蟹黄	50g
葱花	适量
盐	1g
食用油	10mL
水淀粉	10mL

步骤

1 内酯豆腐撕去包装，将底部四个角剪出小孔，倒扣在砧板上，取出内酯豆腐。

2 将内酯豆腐切成小块。锅内水煮开，放入盐和切好的内酯豆腐，大火焯熟捞出备用。

3 将蟹黄拆出备用。

4 锅内倒入食用油，放入蟹黄炒香，放入内酯豆腐，倒入热水，翻炒均匀，加盖煮5分钟。

5 开盖大火收汁，倒入盐、水淀粉转小火勾芡。

6 盛出装盘，用葱花装饰，蟹黄炒豆腐就做好啦，开吃吧！

秋日桂花蜜

我家楼下有好几棵桂花树，入秋之后，桂花就开了。

每次路过就能闻到一阵阵的桂花香，嘴角会不自觉上扬，有种说不出的幸福感。

哪怕是深夜加班回家，我也会停下脚步深吸一口香气，疲惫都被赶走了！

桂花大概是秋天送来最好的礼物啦！

我决定亲手做一罐桂花蜜，好好留住秋日的香气。

做好存放一年都不会坏，想什么时候吃就什么时候吃。

教大家做4款香香甜甜的桂花小点心：软糯的桂花藕粉糖糕、醇香的桂花酒酿圆子、弹牙的桂花头条糕和嫩滑的桂花杏仁豆腐，有了桂花蜜的点缀，都变得香气扑鼻，吃一口就什么烦恼都没有啦！

扫码观看视频

桂花蜜

步骤

1 在清水中加入冰糖、干桂花，加热至冰糖融化。

2 装入罐中，加入蜂蜜。

3 放置阴凉处腌制10天以上，桂花蜜就做好啦！

食材

蜂蜜	100mL
干桂花	5g
冰糖	30g
清水	100mL

桂花酒酿小圆子

步骤

1 锅内倒入适量清水，煮开后，加入小圆子煮至浮起。

2 加入酒酿、枸杞子搅拌均匀。不宜煮太长时间，否则酒酿会变酸。

3 淋上桂花蜜，桂花酒酿小丸子就做好啦，开吃吧！

食材

小圆子	150g
酒酿	50g
枸杞子	5粒
桂花蜜	适量

桂花头条糕

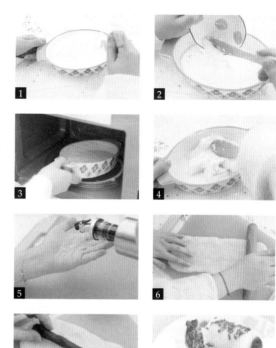

食材

糯米粉	85g	清水	50g
澄粉	20g	开水	30g
白砂糖	20g	食用油	5mL
猪油	7g	红豆沙	适量

步骤

1 碗里倒入糯米粉、白砂糖、清水、澄粉，拌匀。

2 趁热的时候加入7g猪油揉匀。

3 将揉好的面团放入碗中，盖上保鲜膜，放入微波炉中用中火加热2分钟。

4 取出翻面，继续盖上保鲜膜用中火加热1分钟，取出后凉凉备用。

5 取5mL食用油抹在手上、砧板上、擀面杖上防粘。

6 拿出凉凉的面团揉匀，再用擀面杖擀成长条形。

7 取适量红豆沙搓成长条状，铺在擀好的面团上。

8 把糯米皮的衔接处黏合好，切小段装入碗中，淋上桂花蜜，桂花条头糕就完成啦，开吃吧。

桂花藕粉糖糕

步骤

1. 将糯米粉、藕粉、糖粉、1汤匙桂花蜜加入牛奶中搅拌均匀。在玻璃容器内壁刷食用油防粘，将混合物倒入容器中。

2. 放入蒸锅中，中火蒸20分钟后，在表面淋上1汤匙桂花蜜，涂匀。

3. 继续蒸10分钟，取出后切斜块摆盘，撒上干桂花，桂花藕粉糖糕就做好啦，开吃吧！

食材

糯米粉	60g
藕粉	40g
糖粉	25g
牛奶	100mL
桂花蜜	2汤匙
食用油	适量
干桂花	适量

桂花杏仁豆腐

步骤

1. 将吉利丁片剪成小块，放入清水中泡软。

2. 在牛奶中加入白砂糖、杏仁粉，用小火加热。

3. 关火，加入泡好的吉利丁片，搅拌，融化后倒入容器里。

4. 冷藏6小时后取出切块，放入容器中，淋上桂花蜜即可。

食材

牛奶	250mL
白砂糖、杏仁粉	各15g
吉利丁片	10g
桂花蜜	适量

秋日栗子

一到秋天，我就会想吃热乎乎的栗子。

就像一到夏天，就会想吃冰冰凉的西瓜一样。

每到秋天，我都会拉着老白出门找各种卖糖炒栗子的店，

直到买到最好吃的糖炒栗子。

抱着个袋子剥，一口一颗觉得特别幸福，

总感觉有热乎乎栗子的秋天才完整！

栗子那么好吃的食物，只吃糖炒的怎么能行？

来教大家做3种好吃又简单的栗子做法，

烤着吃、煮糖水喝、煲饭吃都好吃到停不下来，

而且都是不需要厨艺的超简单做法哦！

扫码观看视频

甜蜜蜜香烤栗子

步骤

1 用刀在栗子表面划口。倒入食用油，搅匀，倒入烤盘。

2 放入预热至200℃的烤箱选择"上、下火模式"烤20分钟。

3 将蜂蜜倒入清水中，搅拌均匀，取出栗子在开口处刷上蜂蜜水。

4 放入预热至200℃的烤箱烤5分钟取出，甜蜜蜜香烤栗子就做好啦，开吃吧！

食材

栗子	500g
蜂蜜	10mL
食用油	10mL

暖洋洋栗薯糖水

步骤

1 在新鲜栗子背部划开一道口。

2 表面喷上清水后放入微波炉用高火加热2分钟，待不烫手后剥去外壳。

3 将红薯去皮、切小块。

4 锅内倒入清水，大火煮开，放入栗子、红薯、冰糖，加盖，中火煮20分钟至软糯。

食材

栗子	500g
红薯	150g
冰糖	50g

香喷喷栗子焖饭

食材

干香菇	5 个
腊肠	1 根
栗子	50g
大米	250g
盐	2g
糖	1g
生抽	10mL
香油	5mL

步骤

1 将干香菇用热水泡发后，挤干水分后切片。

2 将腊肠切片备用。

3 栗子去皮后切成小块。

4 锅内倒入适量油，烧热后，倒入腊肠用小火炒香，倒入香菇、栗子炒至断生后盛出备用。

5 将大米洗净、放入电饭锅内，倒入炒好的腊肠栗子香菇。

6 放入盐、糖、生抽、香油，倒入500mL刚刚泡发香菇的水。

7 将调料搅拌均匀，将米饭蒸熟后翻拌均匀，盛出装碗，香喷喷栗子焖饭就做好啦，开吃吧！

秋日红薯

深秋，天也开始变冷了。

天一冷我就特别想吃热气腾腾的红薯。

小时候妈妈都会切几块红薯和米饭一起蒸，饭好了红薯也好了，
每口米饭都甜甜的，特别好吃。

还有街边的烤红薯，每次看见我都会去冲去买的！趁热吃一口，
就会觉得好满足。

教大家2款红薯的超幸福吃法。相信我，变着花样吃红薯真的
会幸福感爆棚哦！

扫码观看视频

芝士焗红薯

步骤

1 将红薯放入微波炉，中高火加热5分钟至熟。

2 取出后对切成两半，挖出红薯肉，保留完整的红薯皮备用。

3 将红薯肉、牛奶、白砂糖、马苏里拉芝士碎搅拌均匀后填入红薯皮中。

4 撒上马苏里拉芝士，放入预热至180℃的烤箱烤15分钟烤至芝士化开即可。

食材

红薯	1个
牛奶	30mL
白砂糖	5g
马苏里拉芝士碎	适量

拔丝红薯块

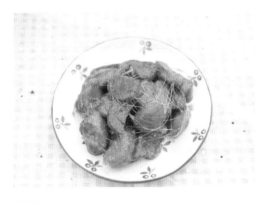

步骤

1 将红薯块放入盛有玉米淀粉的容器中抓拌均匀。

2 锅内放入300mL食用油，大火烧热，放入红薯块炸至表面金黄，捞出后控油备用。

3 另起一锅，倒入5mL食用油、80mL清水、白砂糖，用小火翻炒。

4 将糖浆熬至琥珀色时，倒入红薯块翻炒，将糖浆均匀地裹在红薯块上。盛出装盘，锅内剩余的糖浆稍稍冷却后，用勺子舀出，浇在红薯块上，使红薯拔丝即可。

食材

红薯块	300g
玉米淀粉	10g
白砂糖	80g
清水	80mL
食用油	305mL

秋日雪梨

秋天虽然凉爽，但空气也会变得很干燥。
都说秋季是养肺的最佳季节，
这时候吃酸甜可口、鲜嫩多汁、
补水又祛燥的梨是最合适不过的了。
教大家做4款秋日雪梨，
有美容养颜的玫瑰红酒炖雪梨、开胃健脾的甜桂花八宝梨罐，
还有沁甜润肺的酸话梅小吊梨汤和止咳的川贝雪梨棒棒糖，
每一款都好吃又滋养。

扫码观看视频

玫瑰红酒炖雪梨

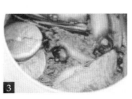

步骤

1 雪梨去皮、切片。

2 将雪梨片放入锅内,倒入红酒、白砂糖、柠檬片、肉桂。

3 小火煮10分钟,煮至梨片变软。

4 盛出后在盘中摆成玫瑰花形,倒入锅中的红酒汁,用干玫瑰花装饰,玫瑰红酒炖雪梨就做好啦,开吃吧!

食材

雪梨	1个
红酒	300mL
白砂糖	30g
柠檬	2片
肉桂	1根
干玫瑰花	适量

甜桂花八宝梨罐

步骤

1 将红枣碎、核桃碎、桂圆肉、葡萄干、枸杞子用温水泡软备用。

2 将提前浸泡好的糯米放入蒸笼内蒸熟备用。

3 倒入步骤1中的食材,加入桂花蜜搅拌均匀。

4 雪梨去皮后在三分之一处切开,去核,填入步骤3的混合物。盖上梨盖,大火蒸10分钟。

食材

红枣碎	10g	枸杞子	15粒
核桃碎	10g	糯米	100g
桂圆肉	10g	桂花蜜	20mL
葡萄干	10粒	雪梨	1个

酸话梅小吊梨汤

食材

雪梨	1个
话梅	2颗
银耳	100g
冰糖	40g
枸杞子	10粒

步骤

1 雪梨去皮后切小块。梨皮备用，与梨肉一起煮可以使梨汤的颜色更漂亮。

2 养生壶中倒入1.2L清水，加入梨块、银耳、话梅、冰糖和梨皮。

3 炖煮40分钟，取出梨皮，放入枸杞子。煮开后倒入杯中，酸话梅小吊梨汤就做好了，开喝吧！

川贝雪梨棒棒糖

食材

雪梨块、冰糖	各150g
麦芽糖	50g
川贝粉	5g
棒棒糖模具	1个
纸棒	适量

步骤

1 将雪梨块放入料理机、加入饮用水，搅拌成汁后，反复过滤至清透。倒入250mL梨汁、冰糖、麦芽糖、川贝粉。小火慢慢熬制，不断搅拌消除气泡。放入温度计熬至糖的温度下降至135℃左右，关火。

2 在模具中放入纸棒，倒入糖浆。

3 静置待凉，取出包装封口，川贝雪梨棒棒糖做好了，开吃吧！

Tips ✳

1\ 过滤雪梨汁可使棒棒糖更透明。

2\ 如果没有温度计，可以将糖浆滴在水里，可以成形就表示已达到合适的温度。

秋日月饼

我不太爱吃偏甜的传统月饼，吃多容易腻，

教大家做4款新式月饼，不但颜值高，口感也和甜品相似。制作时不需要用烤箱、含油量少，而且低糖，吃多也不怕腻，不爱吃月饼的同学可以学一下哦！

这几种口味的月饼适合中秋节一家老小一起吃：专为小仙女准备的独角兽冰皮月饼，冰凉软糯；老年人可以试试软绵细腻的山药紫薯月饼，低糖、低脂，在减肥的同学也可以大口吃；小朋友一定会喜欢脆皮冰激凌月饼，冰凉脆甜，吃完它，仿佛做的梦都是甜蜜的；

西米水晶月饼，喜欢吃什么水果，随意加！

异乡的宝宝也可以和好朋友一起分享，希望大家中秋节团团圆圆，快快乐乐哒！

扫码观看视频

独角兽冰皮月饼

食材

冰皮月饼预拌粉	200g
沸水	200mL
金沙奶黄馅	100g
火龙果粉	0.2g
南瓜粉	0.2g
菠菜粉	0.2g
紫薯粉	0.2g
熟糯米粉	适量

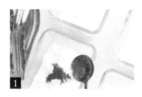

步骤

1 将冰皮月饼预拌粉均匀加入4个小碗中，分别加入火龙果粉、南瓜粉、菠菜粉、紫薯粉。

2 向4个碗中分别加入50mL沸水搅拌均匀，混合成面团备用。

3 每种颜色的面团取6g，揉成团之后按扁。

4 包入25g金沙奶黄馅，收口后揉圆。

5 放入模具中，压实脱模，独角兽冰皮月饼就做好啦，开吃吧！

Tips ✳

1\ 给月饼皮调颜色时，也可以加入食用色素调色。

2\ 脱模前，可先在月饼模具中撒入一些熟糯米粉，方便脱模。

紫薯山药泥月饼

食材

紫薯	1个
山药	2根
橄榄油	20mL
牛奶	10mL
白砂糖	5g

步骤

1 将紫薯对切成两半，山药去皮后切成段。

2 将紫薯和山药放入蒸锅中用大火蒸熟备用。取出山药，加入白砂糖、10mL
橄榄油搅拌成细腻的山药泥。

3 取出紫薯，去皮，加入10mL橄榄油、牛奶搅拌成紫薯泥。

4 在月饼模具内壁刷油防止粘连，取25g山药泥和25g紫薯泥放入模具中，压
实后脱模，紫薯山药月饼就做好啦，开吃吧！

脆皮冰激凌月饼

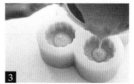

食材

白巧克力	150g
火龙果粉	2g
冰激凌	1盒

步骤

1 将白巧克力用隔水加热法化开，加入火龙果粉搅拌均匀。

2 将巧克力液倒入月饼模具中，转动模具让巧克力均匀地覆盖在模具内壁上，放入冰箱冷冻5分钟。

3 倒入一些巧克力液让月饼皮更厚一层，放入冰箱冷冻5分钟。

4 将模具从冰箱中取出，将巧克力月饼皮脱模后挤入微微软化的冰激凌，放入冰箱冷冻20分钟。

5 浇入一层巧克力封底，轻推脱模，脆皮冰激凌月饼就做好啦，开吃吧！

Tips ✳

1\ 将月饼皮涂厚可防止巧克力脱模的时候裂开。

2\ 挤冰激凌时，不要完全挤满，要留一些空间给巧克力封底。

西米水晶月饼

食材

西米	100g
清水	150mL
淀粉	60g
白砂糖	15g
火龙果块	适量
芒果块	适量

步骤

1 在西米中倒入白砂糖，注入清水，浸泡30分钟。

2 倒入淀粉搅拌均匀，混合成团。

3 将西米团揉成长条状，切成均匀的小米团，每块为35~40g。

4 把小米团压扁、包入芒果块，收口，放入模具中压实、脱模。

5 按照同样的方法，将火龙果块包入小米团中，收口，放入模具中压实脱模。

6 放入蒸笼中大火蒸15分钟左右，取出装盘，西米水晶月饼就做好啦，开吃吧!

Tips ✳

1\ 和面团时，如果觉得有些干可以再加一些水，如果觉得黏手可以再加一些淀粉。

2\ 可在模具中撒一些淀粉方便脱模。

3\ 也可加入任何自己喜好的馅料。

扫码观看视频

冬日部队锅

你们也和我一样吧？一到冬天，就会特别想吃部队锅！

锅里的午餐肉、鱼饼，还有裹着芝士的拉面在锅里咕噜咕噜的冒着热气，大家挤在一起，你一口我一口，一顿吃完，美滋滋！无论多冷的天都会变温暖起来！

诚意推荐你们也试试！约上朋友吃部队锅，才是冬天最幸福的打开方式。

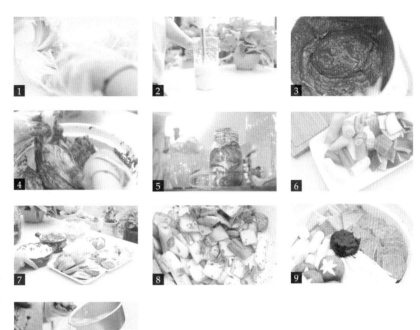

食材

泡菜：

大白菜	1 棵
泡菜盐	250g
苹果	130g
梨	130g
蒜（去皮）	5 头
姜	2 片
糯米粉	30g
韭菜	10g
韩式辣椒粉	3 汤匙
糖	20g
鱼露	20mL

部队锅：

洋葱	200g
大葱	100g
午餐肉	300g
鱼饼	120g
香菇	5 个
金针菇	150g
圆白菜	300g
泡菜	200g
芝心年糕	200g
韩式辣椒粉	2 汤匙
方便面饼	1 块
芝士	1 片

步骤

1 白菜切成4份后洗净，在每一片叶子上均匀地抹上泡菜盐，腌制6小时以上。

2 将苹果、梨切小块，加入蒜瓣、姜片用料理棒打成泥备用。

3 锅内倒入糯米粉，加入350mL清水搅拌至无颗粒，开小火煮至浓稠，加入打好的果泥、糖、鱼露、韩式辣椒粉、韭菜搅拌均匀，腌制泡菜的酱料就做好啦。

4 将腌好的白菜洗去盐后挤干，将泡菜酱均匀地涂抹在每片菜叶上。

5 放入一个干净的密封罐中，腌制7天左右就可以开吃啦。

6 下面来做部队锅。将洋葱切块、大葱切段、金针菇去根，将香菇表面划"十"字形花纹。

7 将鱼饼切成三角形，将午餐肉、圆白菜、泡菜切块后与芝心年糕一同备用。

8 锅内倒入10ml食用油，倒入洋葱、葱段、泡菜炒香。

9 倒入准备好的所有食材，放入韩式辣酱、方便面饼、芝士片，盖上锅盖。

10 倒入没过食材的热水，大火煮开，冬日部队锅就做好了，开吃吧！

Tips ✳

腌白菜时，如果觉得盐不易融可以再撒上一点水。

冬日鲜虾砂锅粥

上海的冬天特别湿冷，经常降温又下雨的，尤其是晚上格外冷。有时候忙起来就容易忘记吃饭，胃也有点不太舒服。

在这种又冷又饿的时候，就想来一口热腾腾的砂锅粥，热腾腾地喝下去，暖心又暖胃。

这道在我心目中最好喝、妈妈从小给我煲的鲜虾砂锅粥，做起来一点也不难，秘诀就是要用虾头熬出虾油，有了虾油整锅粥的味道都升华了，鲜香扑鼻。

老人、孩子也能喝，当早餐也非常健康、有营养！特别适合在冬天喝。

食材

食材	用量
虾	8个
干贝	15g
芹菜末	20g
米	150g
白胡椒粉	1g
料酒	10mL
盐	1g
姜丝	5g
食用油	15mL
香油	5mL

步骤

1. 将干贝放入清水中泡发备用。将虾去虾线及虾头，虾头备用。

2. 虾身开背后，加入料酒、盐、白胡椒粉、姜丝搅拌均匀，腌制备用。

3. 锅内倒入食用油，倒入虾头炒出虾油备用。

4. 将米洗净后，倒入砂锅中，加入香油搅拌。加入清水，大火煮开转小火，加入捏松散的干贝，不断搅拌防止粘锅。

5. 煮约30分钟，煮到大米软糯，加入腌制好的虾。

6. 倒入虾油、芹菜末，搅拌均匀，加入盐、白胡椒粉调味即可。

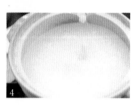

Tips ✳

1\ 炒虾头时，轻压虾头可将虾油挤出。

2\ 煮粥时加入香油可使粥更有香气，米粒也会更有光泽。

扫码观看视频

冬日圣诞甜品

十二月的圣诞节总是让人很期待。
有好多同学都和我嘀咕"糖霜饼干做起来太麻烦了"，
那就教大家做2款简单的圣诞应景小甜点。
用身边最简单的材料，就能轻松能做出小雪人、
小麋鹿和圣诞老人，连家里的小朋友都能做，做出来还
特别有成就感！

扫码观看视频

圣诞麋鹿圆吐司

食材

吐司	2 片
淡奶油	300mL
可可粉	10g
白砂糖	20g
草莓	5 个
饼干圈	2 个
巧克力笔	一支
装饰糖果	适量

步骤

1 将吐司用模具按成圆形，去边备用。

2 草莓去蒂、切成小块。

3 在淡奶油中加入白砂糖，打发后，取一部分装入裱花袋，剩余的加入可可粉翻拌均匀。

4 将可可奶油抹在吐司上，放上饼干圈、装饰糖果和草莓分别作为耳朵、眼镜、鼻子。

5 用淡奶油画出帽尖、胡子和眉毛，用草莓块做帽子。

6 用巧克力笔画上眼睛，用草莓块做成鼻子，圣诞麋鹿圆吐司就做好啦，开吃吧！

胖胖雪人木糠杯

食材

消化饼干	6 块
淡奶油	250mL
白砂糖	15g
饼干棒	2 根
棉花糖	2 个
巧克力笔	1 根

步骤

1 将消化饼干装入食品袋，擀碎备用。

2 在淡奶油中加入白砂糖，打发后装入裱花袋。

3 在杯中铺入一层饼干碎。

4 挤上一层奶油，重复同样的做法直至将杯子填满。

5 放上两个棉花糖，用巧克力笔画上表情，放上饼干棒，胖胖雪人木糠杯就做好啦，开吃吧！

冬日猪肚鸡

听说，冬天最幸福的事情就是有人陪你一起踏雪、放烟花、吃暖锅。踏雪和放烟花都要等时机，吃暖锅不用等呀！

不如做个猪肚鸡火锅吃吃吧？

猪肚鸡汤算是我心中排名非常靠前的美味了，高中毕业后我们家从南昌搬到深圳，第一次喝就爱上了！

香喷喷的猪肚鸡汤带着浓浓的白胡椒味，一碗喝下去身子就暖起来了，妈妈冬天也常常在家煲猪肚鸡汤，加了红枣、黄芪和党参的猪肚鸡汤，还能很好地补气血。

猪肚鸡除了当汤喝，还可以当作火锅锅底！天冷的时候来一锅，既健康又养生！你们也快试试吧！

愿你们都能找到，能在寒冬陪你一起吃暖锅的那个人！

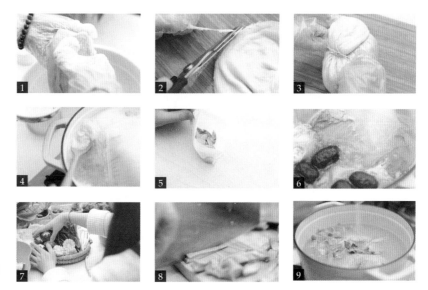

扫码观看视频

食材

猪肚	1个
童子鸡	1只
黄芪	2g
党参	3g
白胡椒粒	5g
红枣	适量
枸杞子	适量
虫草花	适量
生菜	适量
菠菜	适量
娃娃菜	适量
香菇	适量
海鲜菇	适量
杏鲍菇	适量
金针菇	适量
玉米	适量
豆腐	适量
盐	2g
白醋	10mL
面粉	30g
姜	3片
白胡椒粉	适量

步骤

1 在猪肚中加入盐、白醋、面粉，将猪肚正、反面都搓洗干净。

2 将猪肚用清水冲洗干净后，将多余的脂肪剪掉。

3 在童子鸡鸡腹中塞入姜片，把童子鸡放入猪肚中，用棉绳扎紧。

4 将猪肚鸡放入锅中，加入1L清水，大火煮开后撇去浮沫。

5 将白胡椒粒研碎，同黄芪、党参一起放入料包中。

6 将料包放入锅中，再加入虫草花、红枣，盖上盖，用小火煮1小时。

7 猪肚鸡不止好吃，煮好的汤底用来涮火锅也是超级棒的！煮的时候可以准备一些涮火锅的蔬菜，我买了自己喜欢的生菜、菠菜、娃娃菜还有香菇、海鲜菇、杏鲍菇、金针菇、玉米和豆腐，做了一些蔬菜拼盘。

8 煮好后取出猪肚鸡，划开猪肚，取出煮好的鸡。将猪肚切条，鸡切块。

9 将切好的猪肚和鸡放入锅中，加入枸杞子、白胡椒粉、盐调味，用大火煮开，冬日里的猪肚鸡暖锅做好啦，开吃吧！

Tips ✳

1\ 挑选童子鸡时，最好买小一些的，重约900g。

2\ 使用白醋、盐、面粉清洗猪肚时，可反复揉搓直至完全洗净。

扫码观看视频

冬日肉蟹煲

我是个经常会和朋友们一起去吃肉蟹煲的人，因为它特别适合一起分享。

这道菜也是我列入年夜饭菜单里的拿手菜。

炖得软糯的鸡爪，配上家人们爱吃的蔬菜，还有红红的大虾和螃蟹，好吃的食材都在里面了！

端上桌就是热气腾腾的一大锅，再也不用担心做的一盘菜不够分了。

跟着我的步骤把食材准备好，再调个酱汁一起煮，就搞定了。

学会之后，记得在聚会的时候露一手，让家人、朋友对你刮目相看吧！

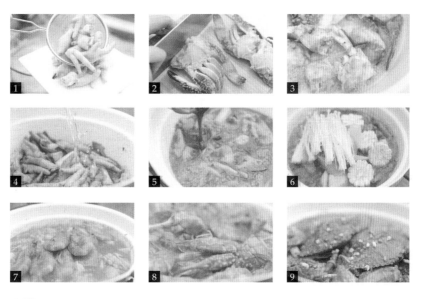

食材

鸡爪	500g
梭子蟹	2只
虾	8个
姜	4片
葱、姜、蒜末	各20g
干辣椒	适量
花椒	5g
葱花	若干
淀粉	适量
洋葱	50g
土豆、莴笋、玉米	各100g
金针菇	50g
年糕	100g
料酒	15mL
郫县豆瓣酱	2汤匙
盐	1g
糖	1g
酱汁：	
海鲜酱	2汤匙
甜面酱	1汤匙
花生酱	0.5汤匙
蚝油	1汤匙

步骤

1 鸡爪洗净、剪去指甲，切成小块。锅内倒入清水，放入姜片、料酒、鸡爪焯水后捞出备用。

2 梭子蟹洗净，拆开蟹壳、剪去蟹腮后切成小块，将大蟹钳用刀背拍松。

3 将切好的梭子蟹裹上淀粉、蟹壳内撒入淀粉。锅内倒入50mL食用油，将梭子蟹煎至金黄后夹出备用。

4 锅内倒入食用油，倒入葱、姜、蒜末、花椒、干辣椒、洋葱块炒香。放入郫县豆瓣酱炒出红油。倒入鸡爪翻炒均匀。倒入1L热水，加盖焖煮。

5 煮鸡爪的同时，可以调秘制酱料。将调制酱汁时需用到的所有调味料倒入容器中，搅拌均匀后，倒入锅中搅拌均匀。

6 土豆、莴笋切块，玉米切段，与去根后的金针菇一同放入锅中，加入年糕片搅拌均匀。

7 虾去除虾线后放入锅中，用大火煮熟。

8 倒入梭子蟹，搅拌均匀。

9 尝尝味道后，再加入适量调味料调味：放入盐、糖搅拌均匀。喜欢味道浓郁的可适量放些生抽。大火收汁，放入蟹壳，撒上葱花，红红火火的冬日肉蟹煲就做好啦，开吃吧!

Tips ❋

1\ 可以用任何你买到的螃蟹，味道都一样好! 若对海鲜过敏可以换成鸡翅或者排骨，也可加入自己喜爱吃的其他配菜。

2\ 裹淀粉是为了让蟹肉和蟹黄在煮的过程中得到保留，炸完之后还能保持蟹肉外酥里嫩的口感。

3\ 鸡爪一定要煮透、入味才好吃。

4\ 将虾煮至变色即可，煮太久肉质会变老。

5\ 由于螃蟹已经炸熟了，稍微煮一会吸收汤汁即可。

冬日新年小食

快要过年了，备年货的时候，各种新年小零食当然必不可少。

这4款传统中式新年小食，每样都是浓浓
的大中国新年味。

寓意好又有心意，还是那句不变的话：重点是做法真的超
简单！

无论是用来招待客人还是给家里的小朋友、大朋友解馋，
都是最好的选择。

愿大家能红红火火过大年。

扫码观看视频

红红火火糯米枣

步骤

1 将红枣用清水浸泡1小时，一侧切开，用剪刀去核、备用。

2 在糯米粉中加入清水，揉成光滑的面团。

3 将糯米团捏成长条形，切成小块填入红枣中，轻轻捏合后摆入盘中。

4 放入蒸锅，大火蒸15分钟左右后，淋上蜂蜜、撒上白芝麻，红红火火糯米枣就做好啦，开吃吧！

食材

红枣	20 个
糯米粉	40g
温水	30mL
蜂蜜	适量
白芝麻	适量

甜甜蜜蜜糖山楂

步骤

1 将山楂用清水洗净，去核备用。

2 锅中加入白砂糖和清水，小火煮开。

3 加入白醋，将糖浆熬至黏稠，关火，稍稍冷却后加入山楂。

4 翻拌至糖浆凝结成白色，甜甜蜜蜜糖山楂就做好啦，开吃吧！

食材

山楂	200g
白砂糖	100g
清水	50mL
白醋	5mL

金玉满堂玉米烙

食材

玉米粒	300g
糯米粉	35g
玉米淀粉	35g
白砂糖	适量
蛋黄酱	适量
食用油	300mL

步骤

1 将玉米粒用大火焯熟、捞出备用。

2 加入糯米粉、玉米淀粉搅拌均匀。

3 锅内加入300mL食用油，烧热后倒出，备用。

4 将搅拌好的玉米糊倒入锅中压扁，并修整为圆形，再倒入食用油用小火煎脆。

5 盛出装盘，均匀地切块，撒上白砂糖，挤上蛋黄酱，金玉满堂玉米烙就做好啦，开吃吧！

Tips ✳

1\ 捞玉米时，不用将水完全滤出，留少许水。

2\ 加热食用油时，加热到筷子伸进去有小气泡即可。

福气满满坚果挞

食材

挞皮：

化黄油	60g
糖粉	30g
盐	0.5g
全蛋液	25g
低筋面粉	125g

坚果心：

混合坚果	120g
（腰果、扁桃仁、南瓜子、 核桃仁、夏威夷果、蔓越 莓干、蓝莓干）	
冰糖	30g
蜂蜜	20g
淡奶油	50mL

步骤

1 在化黄油中加入糖粉、盐，用打蛋器打匀。

2 加入全蛋液打匀，筛入低筋面粉搅拌均匀。

3 戴上手套揉成光滑的面团，分成若干个重约35g的小面团。

4 将小面团揉圆、擀平，填入模具中，刮去多余的边缘，在面团表面距离均匀地戳孔，放入预热至180℃的烤箱烤10分钟左右。

5 烤挞皮的同时可以来做坚果挞心。锅内放入冰糖、蜂蜜、淡奶油搅匀，熬至黏稠时倒入混合坚果搅拌均匀。

6 将烤好的挞皮取出，填入搅拌好的坚果挞心，福气满满坚果挞就做好啦，开吃吧！

冬日新年菜

以前觉得过年最重要的就是收大红包，慢慢长大才发现：有亲人在身边、有欢笑、有最熟悉的饭菜香，这些才是最重要、最珍贵的东西。

妈妈每逢过年都会说年夜饭不但要丰盛，还要讨个好彩头！

一定要有鱼，寓意年年有余，还要有年糕，寓意步步高升，也一定要有饺子，把四种不同的食材包在里面，寓意福禄寿财。

一代代的文化传承也都在这寓意里面。

希望这2款新年菜，能给新年添加一份喜庆，说不定愿望就成真了。

扫码观看视频

年年有鱼年年糕

食材

糯米粉	135g	红曲粉	3g
澄粉	60g	胡萝卜	2 块
牛奶	90 毫升	南瓜	2 块
椰浆	75g	黑芝麻	适量
白砂糖	120g		

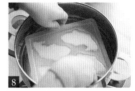

扫码观看视频

步骤

1 将糯米粉和澄粉分别过筛。将白砂糖、椰浆和牛奶搅拌均匀，直至无颗粒。

2 将胡萝卜和南瓜去皮后切滚刀块。蒸锅倒入适量清水，将胡萝卜和南瓜蒸熟。

3 将胡萝卜和南瓜从锅中取出后，压成泥。

4 将红曲粉与米糊拌匀。取适量的胡萝卜泥和南瓜泥分别与米糊搅拌。

5 开始做鱼啦！先在模具表面刷一层油方便脱模！再倒入米糊。

6 用红色米糊覆盖住背鳍的位置，再加入黄色米糊覆盖住鱼鳍的位置，最后用白色米糊填满模具。

7 上色部分没有固定的做法，可根据自己喜欢的颜色来做。

8 放入锅中，大火蒸30分钟左右后拿出，不烫手时脱模即可。

Tips ✳

1＼ 刷了油的模具比较滑，米糊容易流到中间去，耐心用工具多推儿次就能挂住了。

2＼ 一个模具可以做 6 个年糕，大家可根据蒸锅的大小来修剪模具，蒸的时间也可根据数量来调整。

四喜福禄寿财饺

扫码观看视频

食材

馅料：		鸡蛋	2个	料酒	5mL
酸豆角	15g	胡萝卜	1根	生抽	5mL
猪肉	200g	西芹	适量	淀粉	1g
姜末	1g	木耳	适量	饺子皮：	
盐	1g	十三香	1g	中筋面粉	150g

步骤

1 将沸水倒入中筋面粉里搅拌均匀后，将面团揉至光滑，包上保鲜膜，让面团松弛15分钟。

2 将200g猪肉切小块后剁碎。

3 取出腌制好的15g酸豆角，用水清洗后切末，放入剁好的肉馅里。

4 加入姜末、盐、十三香、料酒、生抽、淀粉搅拌均匀。加入5mL清水，顺时针搅拌让肉馅上浆。

5 将胡萝卜切末、西芹切末、泡发好的木耳切末备用，鸡蛋搅匀、炒熟后，切末备用。

6 馅料都准备好后，拿出松弛好的面团揉成长条，均匀切成小段。

7 将小面团擀成饺子皮。

8 取一张饺子皮，把肉馅放在中间。

9 对折，将中间粘上。

10 把另外两边也向中间粘好。分别把四个小口的边粘在一起，并把口子撑大一些。

11 把胡萝卜末、木耳末、西芹末、鸡蛋末分别装入四个小口子中。

12 垫上一张蒸笼纸，把饺子放进蒸笼，中火蒸8分钟，四喜福禄寿财饺就做好啦，开吃吧。

Tips ✳

1\ 烫面粉的时候边倒水、边用筷子搅动。也可用饺子粉、面粉。

2\ 揉面团时，可以撒一些面粉在台面上防止面团黏在案板上。

3\ 不爱吃酸豆角的同学可以将酸豆角换成芹菜、韭菜或者任何自己爱吃的食材。

4\ 擀皮时，需将饺子皮擀得比平时大一些才会好包。

5\ 肉馅有咸味，四个配菜是原味的，吃起来比较清淡，适合老年人食用。也可以根据自己的喜好，蘸调好的酱汁食用。

第二章

偏偏喜欢你

Really Like You

Really Like You

偏偏喜欢你

Really Like You

我是草莓控

嘿，草莓控看这里！

我是个资深的草莓控，每年的草莓季一到，就会换着花样吃草莓。

酸酸甜甜，吃着还有种恋爱的感觉！

相信没人会拒绝好吃又可爱的草莓吧？

亲测好吃的6款的花式草莓吃法，你们一定要试试！

扫码观看视频

甜心草莓酱

步骤

1 草莓切丁，倒入奶锅。加入白砂糖搅拌均匀后开火，小火熬煮。

2 不停搅拌防止粘锅，不时地用小刷子沾水刷锅壁防止焦化。

3 煮到黏稠时，挤入柠檬汁，再煮2~3分钟，倒出，甜心草莓酱就做好啦，开吃吧！

食材

草莓	20个
白砂糖	20g
柠檬	半个

童心冰糖草莓

步骤

1 在不粘锅内倒入冰糖，加入50mL沸水，大火将冰糖煮至融化。

2 转小火熬煮至黏稠，倒入草莓，使草莓均匀地裹上糖浆。

3 静置待凉后将草莓穿成一串，童心冰糖草莓就做好啦，开吃吧！

食材

草莓	5个
冰糖	20g
沸水	50mL

爱心草莓伯爵

步骤

1 将巧克力用隔水加热法化开。

2 将草莓均匀地裹上巧克力酱（用巧克力裹上草莓的2/3即可）。

3 放入冰水，浸泡10秒，爱心草莓伯爵就做好啦，开吃吧！

食材

草莓	4个
巧克力	50g
冰水	适量

草莓双皮奶

步骤

1 将鸡蛋蛋黄、蛋清分离，取蛋白，倒入牛奶，加入白砂糖、5mL炼乳搅拌均匀，过滤搅拌好的蛋清液。

2 倒入碗中，盖上保鲜膜，用牙签戳出气孔。

3 锅中倒入清水，大火煮开后放入双皮奶，中火蒸10分钟，关火再闷10分钟。将10g草莓切丁。蒸好后取出，在其中一碗中放入草莓丁、淋上5mL炼乳，装饰薄荷，在另一个碗中放入剩余的草莓，淋上5mL炼乳即可。

食材

鸡蛋	3个
牛奶	250mL
白砂糖	20g
炼乳	15mL
草莓	20g
薄荷叶	适量

草莓豆沙大福

食材

糯米粉	80g
玉米淀粉	15g
白砂糖	20g
黄油	10g
清水	80mL
豆沙	80g
草莓	4个
熟糯米粉	适量

步骤

1 准备一个大碗，倒入糯米粉、玉米淀粉、白砂糖、黄油、清水搅拌均匀。

2 放入微波炉用中火加热，每加热30秒便拿出搅拌一次，直到糯米粉全熟。

3 草莓去蒂备用，取20g豆沙，揉圆、按扁后包入1个草莓。

4 在砧板上撒上熟糯米粉防粘，取25g糯米团揉圆、擀平。

5 包入豆沙草莓，收口，并去掉多余的糯米团。用相同的方法做成另外3个草莓豆沙大福。

6 对切成两半，草莓豆沙大福就做好啦，开吃吧！

草莓拿破仑

食材

酥皮	2张
淡奶油	200mL
白砂糖	20g
草莓	3个
糖粉	适量

步骤

1 将2张酥皮等分成6份。用叉子戳出小孔，放入烤盘中。

2 放入预热至200℃的烤箱烤10分钟。

3 杯中倒入淡奶油及白砂糖，打发后装入裱花袋。

4 下面就可以组装啦，在1份酥皮上挤上淡奶油。将草莓切块，在酥皮上铺上3个草莓块，再挤上一层淡奶油，放上一层酥皮。用同样的方法制作剩余的草莓拿破仑。

5 撒上糖粉装饰，草莓拿破仑就做好啦，开吃吧！

我是抹茶控

嘿，抹茶控看这里！教大家制作5款抹茶小甜心，制作时不用烤箱，做法简单又好吃。

有夏天必吃的冰凉抹茶雪姬娘，一整颗冰激凌球在里面，一口下去特别满足！
还有下午茶系列最受欢迎的华夫饼、丝滑抹茶生巧克力、抹茶曲奇、抹茶布丁，
整个下午都是甜甜的。

扫码观看视频

丝滑抹茶生巧克力

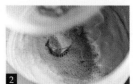

食材

淡奶油	40g
白巧克力	150g
黄油	5g
抹茶粉	2g

步骤

1 将淡奶油倒入锅中，小火煮开，关火，倒入白巧克力。

2 化开后加入黄油、抹茶粉搅拌均匀。

3 将油纸四角剪开后放入碗中，将巧克力倒入碗中抹平，放入冰箱冷藏5小时。

4 用热水浸泡刀，捞出后擦干水，将巧克力均匀切块。

5 撒上抹茶粉，丝滑抹茶生巧克力就做好啦，开吃吧！

冰凉抹茶雪媚娘

食材

糯米粉	100g
玉米淀粉	30g
白砂糖	15g
抹茶粉	4g
牛奶	225mL
黄油	20g
冰激凌	20g
手粉	适量

步骤

1 碗中倒入糯米粉、玉米淀粉、白砂糖、抹茶粉。

2 倒入牛奶、黄油搅拌至顺滑。

3 盖上保鲜膜，用牙签戳几个小洞，放入微波炉加热3分钟，取出放凉，揉至光滑即为糯米团。

4 在砧板上撒上一些手粉防粘，取20g糯米团撒上手粉，擀平后对切成两半。

5 取出一半，放上10g冰激凌，包紧收口，撒上抹茶粉，冰凉抹茶雪媚娘就做好啦，开吃吧！

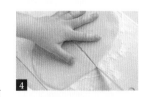

松软抹茶华夫饼

食材

鸡蛋	2个
牛奶	60mL
白砂糖	40g
低筋面粉	100g
泡打粉	4g
玉米淀粉	20g
抹茶粉	6g
化黄油	40g
草莓	适量
蓝莓	适量
巧克力酱	适量

步骤

1 将鸡蛋打入容器中，倒入牛奶，加入白砂糖搅拌至无颗粒。

2 筛入低筋面粉，加入泡打粉、玉米淀粉、抹茶粉，搅拌均匀后加入化黄油，搅拌至顺滑。

3 预热华夫饼机，刷上油防粘，倒入面糊，盖上盖子制作华夫饼。

4 取出装盘，用草莓和蓝莓做装饰，淋上巧克力酱，松软抹茶华夫饼就做好啦，开吃吧！

抹茶曲奇

食材

黄油	130g
糖粉	60g
蛋液	15g
温热淡奶油	40g
低筋面粉	175g
抹茶粉	5g

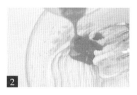

步骤

1 将黄油在室温下软化，加入糖粉打至发白。

2 加入蛋液打匀，加入温热淡奶油打匀。

3 筛入低筋面粉和抹茶粉搅拌均匀。

4 将搅拌好的面糊装进裱花袋中。

5 套上裱花嘴，挤出玫瑰形状的曲奇饼坯。

6 将烤箱预热至180℃，放入饼干坯，烤8分钟后转150℃再烤10分钟，抹茶曲奇就做好啦，开吃吧！

抹茶布丁

最常见的抹茶甜品就是抹茶布丁啦！
牛奶和淡奶油给抹茶增添了浓浓的奶香，
搭配蜜豆简直绝配！一口气吃好几个绝对过瘾，制作时，
只需要煮一煮、搅一搅就行，新手也能百分百成功哦！
相信我，看完你就学会了！

食材

抹茶粉	5g
温水	50mL
吉利丁片	5g
牛奶	200mL
白砂糖	30g
蜜豆	2g

步骤

1 将抹茶粉倒入温水中，用茶筅打至均匀、无结块。

2 将吉利丁片用清水泡软后备用。

3 将牛奶倒入雪平锅中，搅拌均匀后开小火加热。

4 倒入白砂糖和步骤1中搅匀的抹茶溶液搅拌均匀。

5 关火，放凉后加入泡软的吉利丁片搅匀。

6 倒入布丁杯，放入冰箱冷藏2小时，取出后放入蜜豆，抹茶布丁就做好啦，
开吃吧！

我是意面控

嘿！意面控看这里！

只教大家做一种意面当然不是我的风格，要教就教4种，

我经常在家做意面吃，做的都是高人气的爆款意面，有经典的番茄肉酱意面、奶油培根意面，

也有适合中国胃的黑椒牛柳意面，还有好吃又好玩的蛤蜊大虾意面，

成为意面小达人就是这么简单！

考虑到家里都不会有那么多做西餐时常备的香料，

而且外国常用的香料很多咱们中国人也不一定爱吃，

所以这几种做法，都是我研发的改良版！

正不正宗不要紧，好吃就行了！

大家照着方子来，成为意面小达人就是这么简单！还有煮意面小技巧传授给你们。

扫码观看视频

意面

步骤

1 锅内倒入清水，放入2茶匙盐和15mL橄榄油，煮至沸腾。

2 煮8分钟后捞出。意面的包装上会有时间标注的，同学们可根据自己买的意面粗细来计算时间。

3 倒入10mL橄榄油，搅拌均匀，意面就做好啦！

奶油培根意面

步骤

1 将黄油放入锅中化开，放入蒜末和培根。煎至培根金黄、出油。

2 放入口蘑炒熟，倒入淡奶油和水，小火煮开。

3 奶油酱汁煮好后，加入盐和意面，充分蘸满酱汁后就可以出锅装盘啦，撒少许盐和黑胡椒碎，又香又浓的奶油培根意面就做好了，开吃吧！

食材

培根	80g	水	20mL
口蘑	50g	盐	适量
淡奶油	250mL	黑胡椒碎	适量
黄油	5g	意面	80g
蒜末	适量		

番茄肉酱意面

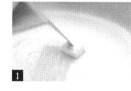

食材

去皮番茄丁	700g	黄油	5g
洋葱丁	50g	蒜末	适量
胡萝卜丁	15g	盐	适量
西芹丁	15g	黑胡椒碎	适量
牛肉末	200g	意面	80g
浓汤宝	半块		

步骤

1 锅内放入5g黄油，加热至化开。

2 依次加入洋葱丁、胡萝卜丁、西芹丁翻炒均匀。

3 放入蒜末煸香，倒入牛肉末炒至变色、出油。放入去皮番茄丁，煮烂。

4 放入浓汤宝让酱汁更加香浓，倒入温水200mL，熬至番茄成泥。

5 放入盐、黑胡椒碎，加入提前煮好的意面，搅拌均匀。放入意面后不用关火，一直加热，使意面充分吸收酱汁。

6 拌匀后就可以出锅啦，盛出装盘，番茄肉酱意面就做好啦，开吃吧！

Tips ✳

也可将黄油替换成橄榄油或食用油，但不如黄油香。

黑椒牛柳意面

食材

牛里脊肉	80g	蚝油	5mL
水淀粉	10mL	盐	适量
白砂糖	2g	生粉	适量
料酒	5mL	洋葱碎	适量
生抽	5mL	红椒碎	适量
黑胡椒碎	2g	青椒碎	适量
橄榄油	15mL	蒜末	适量
意面	80g	小米椒	适量

步骤

1 将牛里脊肉切成条状。加入料酒、生抽、水淀粉腌制15分钟。

2 锅内倒入5mL橄榄油，放入小米椒和蒜末煸香，放入牛里脊肉，炒至变色后盛出备用。

3 锅内倒入10mL橄榄油。放入洋葱碎、青椒碎、红椒碎炒至变软。

4 倒入意面，与配菜搅拌均匀，放入用白砂糖、盐、蚝油、黑胡椒碎和水淀粉调成的黑椒汁，再放入牛里脊翻炒均匀。

5 搅拌均匀，盛出装盘，黑椒牛柳意面就做好啦，开吃吧！

蛤蜊大虾意面

食材

草虾	3个	热水	300mL
蛤蜊	250g	料酒	5mL
蒜末	适量	盐	3g
小米椒	适量	黑胡椒碎	2g
洋葱末	100g	意面	80g
橄榄油	10mL		

步骤

1 锅内倒入橄榄油，放入草虾，煎至双面变色。

2 放入蒜末、小米椒和洋葱末炒香。

3 倒入蛤蜊，再倒入300mL热水煮至蛤蜊开口。

4 加入料酒、盐、黑胡椒碎。

5 放入意面，搅拌均匀，煮至收汁，盛出装盘，蛤蜊大虾意面就做好啦，开吃吧！

Tips ※

煮蛤蜊时，倒入白葡萄酒、清酒或白酒会更香。

我是牛油果控

嘿，牛油果控看这里！

有一种水果，被称为"森林奶油"，营养价值非常高，富含维生素和矿物质，

非常适合孩子和老人食用。丰富的叶酸更能满足孕妈妈的营养需求。

不饱和脂肪酸和植物纤维对想要减肥瘦身的人也有帮助。这种水果就是牛油果。

神奇的是，光吃牛油果会感觉味道很平淡，也根本谈不上好吃！

其实只要掌握一些搭配小技巧，牛油果就能好吃一万倍！

4款超好吃的牛油果料理推荐给你们！

营养价值这么高的水果，不学会好吃的做法简直可惜了！

跟着做，你们一定也会爱上牛油果的。

扫码观看视频

牛油果奶昔

食材

牛油果	半个
香蕉	1根
牛奶	300mL

步骤

1 牛油果切丁，香蕉去皮后切段。

2 把半个牛油果丁和香蕉段放入原汁机。

3 再倒入300mL牛奶，打至顺滑，倒入壶中，牛油果奶昔就做好啦！快和好伙伴一起分享吧！

Tips ✳

牛油果一定要选熟透的。熟透的牛油果捏起来软硬适中，果皮呈褐色。对半划开，扭一扭就能将牛油果掰开。去掉核，即可将果肉全部挖出。

牛油果可颂三明治

步骤

1 将牛油果去皮、切片。

2 将可颂横向切开。

3 放入生菜、火腿、牛油果。

4 撒上一些黑胡椒碎，牛油果可颂三明治就做好啦，开吃吧！

食材

牛油果	半个
可颂	1个
生菜、火腿	各2片
黑胡椒碎	适量

日式牛油果拌豆腐

食材

牛油果	半个
绢豆腐	175g
海苔香松	适量
酱油	适量

步骤

1 绢豆腐切成大片。

2 将牛油果切片。

3 将绢豆腐和牛油果如图所示依次摆盘。

4 淋上酱油，撒上海苔香松，日式牛油果拌豆腐就做好啦，开吃吧!

Tips ✳

内酯豆腐容易碎，一定要选用绢豆腐。

鲜虾牛油果花沙拉

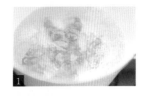

食材

牛油果片	半个
虾	5个
生菜	100g
圣女果	4个
芒果	半个
油醋汁	适量

步骤

1 将虾去头、去壳后取虾仁，大火焯熟，捞出备用。

2 生菜切成小段，圣女果、虾仁对切成两半。

3 将芒果按图示划线，再向上一翻就变成芒果丁啦！

4 放入生菜、圣女果、虾仁。

5 将牛果油片如图所示卷成牛油果花。

6 放入沙拉中，再淋上油醋汁，鲜虾牛油果花沙拉就做好啦，开吃吧！

我是吐司控

嘿，吐司控看这里！

平时，我只要走进面包店，就一定会买袋吐司。

为什么呢？因为一大袋可以换着花样吃好几天，

不仅早、中、晚都能吃，而且带出门吃也很方便。

以我多年吃吐司的经验来说，其实将吐司和蔬、果、蛋、奶简单搭配就可以吃得很健康了，

咸味吐司也可以用来当主食，甜味吐司还可以做成甜品。

教大家4种简单、好吃的吐司做法，

有国外特别火的果缤纷开放式吐司，也有营养均衡的蛋奶西多士，

有小朋友都爱的哆啦A梦口袋三明治，还有颜值飙高的浪漫火烧云吐司，

每一款都是我的爱，相信你也会喜欢吧！

扫码观看视频

果缤纷开放式吐司

步骤

1 将猕猴桃、香蕉、芒果、草莓切片。

2 取2片吐司，抹上希腊老酸奶，另外两片涂榛子酱。

3 如图所示，依次在每片吐司上码上水果片即可。

食材

吐司	4片	芒果	1个
草莓	2个	希腊老酸奶	适量
猕猴桃	1个	榛子酱	适量
香蕉	2根		

蛋奶西多士

步骤

1 吐司去边后，取一片吐司，依次在上面放上芝士片、火腿片、芝士片和另一片吐司。

2 将鸡蛋打入碗中，加入牛奶搅匀，放入吐司，使吐司均匀地裹满蛋液。

3 锅内倒油，放入吐司煎至金黄，四边也要煎一下，煎好后斜切成两半。

4 将剩余的蛋液倒入锅中，炒碎后加盐和黑胡椒碎，蛋奶西多士就做好啦，开吃吧！

食材

吐司、芝士	各2片
火腿	1片
鸡蛋	1个
牛奶	15mL
盐、黑胡椒碎	各适量

哆啦A梦的口袋吐司

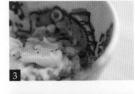

食材

吐司	2片
鸡蛋	1个
牛油果	1个
盐	适量
黑胡椒碎	适量
蛋黄酱	适量
巧克力笔	1支

步骤

1 将牛油果切开，挖出果肉。

2 鸡蛋煮熟后剥壳、切碎，将鸡蛋、牛油果混合拌匀。

3 加入盐、黑胡椒碎、蛋黄酱搅拌均匀。

4 把步骤3的混合物铺在吐司的中间，盖上另一片吐司，稍微压一下。

5 放入模具，压紧，去掉多余的吐司边。

6 用巧克力笔画出哆啦A梦的眼睛、鼻子、嘴巴、胡子，哆啦A梦的口袋吐司就做好啦，开吃吧！

浪漫火烧云吐司[*]

食材

吐司	1片
鸡蛋	1个
白砂糖	5~10g
蛋黄酱	适量

步骤

1 将鸡蛋蛋清、蛋黄分离，将蛋黄单独装在小碗里备用。

2 将白砂糖加入蛋清中，用打蛋器打发成硬性发泡，没有电动打蛋器也可以用手动打蛋器，如果觉得蛋清有些腥可在其中加柠檬汁。

3 在吐司上抹蛋黄酱，涂上打发好的蛋白，堆成云朵状。

4 在蛋白上云戳一个孔，放上蛋黄。

5 先将烤箱预热至140℃，烤15分钟，火烧云就做好啦，开吃吧！

Tips ✳

将蛋白抹在吐司上时，不用抹平表面，多些菱角会更像云朵。

我是金枪鱼控

嘿，金枪鱼控看这里！

学生时代，每天早上都能吃到妈妈准备好的早餐，

有面包和牛奶、白粥和汤包、豆浆和油条、鸡蛋和包子……

为了我7点上课前可以吃到热腾腾的早餐，妈妈每天五点多就起床了。

以前不觉得，现在才知道，每天上班忙忙碌碌还要早起晚睡为孩子奔忙，

是多么辛苦的事情！

教大家3款金枪鱼早餐的做法，几分钟就能搞定啦！

简单、好看、又营养，如果传统早餐吃腻了，就试试这三种吧！

扫码观看视频

金枪鱼海苔饭团

步骤

1 将米饭、金枪鱼肉、海苔香松与沙拉酱拌匀。

2 将拌好的米饭捏成三角饭团，包上海苔片。

3 用海苔剪出喜欢的表情贴上，装进便当盒，金枪鱼海苔饭团就完成啦！

食材

米饭	300g
海苔香松	3g
金枪鱼罐头	1个
海苔	3张
沙拉酱	适量

金枪鱼沙拉卷饼

步骤

1 将煮鸡蛋切碎，加入金枪鱼肉和沙拉酱拌匀备用。

2 将菠菜卷饼皮用微波炉加热，铺上生菜和番茄片，放上做好的金枪鱼沙拉，卷起。

3 对切成两半后包上油纸，金枪鱼沙拉卷饼就完成啦！

食材

煮鸡蛋	1个
金枪鱼罐头	1罐
生菜	2片
番茄片	2片
菠菜卷饼皮	1片
金枪鱼沙拉	适量
沙拉酱	适量

金枪鱼芝士三明治

食材

金枪鱼罐头	1罐
吐司	2片
煎鸡蛋	1个
芝士	1片
沙拉酱	适量
黄瓜片	适量

步骤

1 用多士炉将吐司烤至表面焦脆。

2 在吐司上分别铺上芝士片、煎鸡蛋、黄瓜片、金枪鱼肉，挤上沙拉酱，将两片吐司合在一起。

3 对切成两半后包上油纸，金枪鱼芝士三明治就完成啦！

我是水果茶控

嘿，水果茶控看这里！

没有人不爱喝水果茶吧？尤其是带有厚厚奶盖的水果茶。

但是那些网红店的水果茶真的需要排很长时间的队才能买到。

来教大家做6款网红奶盖水果茶，自己做也更健康哦！

3款有奶盖的，3款纯果茶的！都是现在卖的爆火的网红店单品，

做出来和店里卖的味道一样，再也不用去排队了。

扫码观看视频

满杯西柚水果茶

食材

西柚	2个
茉莉绿茶	100mL
蜂蜜	20mL
冰块	10块

步骤

1 取1个西柚均匀切片，取2片西柚放入杯中装饰杯壁。

2 另一个西柚去除果皮，沿着西柚的果络切出果肉。榨汁杯中放入200g西柚果肉，剩下的果肉可以用手动榨汁机挤出果汁。倒入茉莉绿茶、蜂蜜、冰块，摇晃均匀后用榨汁机打匀，倒入杯中，满杯西柚水果茶就做好啦，开喝吧！

满杯凤梨水果茶

步骤

1 将凤梨去叶、对切成两半，取部分凤梨肉切成薄片，放入杯中装饰杯壁。

2 将剩下的果肉切成小块后，放入榨汁杯中，倒入茉莉绿茶、蜂蜜、冰块，摇晃均匀后打匀。倒入杯中，满杯凤梨水果茶就做好了，开喝吧！

食材

凤梨	1个
茉莉绿茶	100mL
蜂蜜	20mL
冰块	10块

满杯猕猴桃水果茶

食材

猕猴桃	2个
茉莉绿茶	100mL
蜂蜜	20mL
冰块	10块

步骤

1 猕猴桃去皮，取1个切片，放入杯中装饰杯壁。

2 剩余猕猴桃切小块后放入榨汁杯中，倒入茉莉绿茶、蜂蜜、冰块，摇晃均匀后打匀。倒入杯中，满杯猕猴桃水果茶就做好了，开喝吧！

万能奶盖

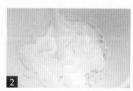

步骤

1 准备一个大碗，放入奶油奶酪，打发至发白。

2 加入淡奶油、牛奶、白砂糖、海盐、芝士粉。打发至浓稠，放入冰箱冷藏备用，万能奶盖就做好了。

食材

奶油奶酪	30g	白砂糖	25g
淡奶油	150mL	海盐	2g
牛奶	50mL	芝士粉	3g

芝芝西瓜奶盖茶

食材

西瓜	半个
茉莉绿茶	50mL
蜂蜜	10mL
冰块	10块
奶盖	适量

步骤

1 将西瓜倒扣，按图上所示的方法进行切割，切下果肉。

2 榨汁杯中放入西瓜，倒入茉莉绿茶、蜂蜜、冰块（西瓜的水分比较多，绿茶就可以稍稍少放一些）。用榨汁机打匀，倒入杯中，加入奶盖，芝芝西瓜奶盖茶就做好了，开喝吧！

芝芝黑提奶盖茶

食材

黑提	1串
茉莉绿茶	100mL
蜂蜜	10mL
冰块	10块
奶盖	适量

步骤

1 将黑提放入清水中洗净。

2 将黑提放入榨汁杯中，倒入茉莉绿茶、蜂蜜、冰块。用榨汁机打匀，倒入杯中，加入奶盖，芝芝黑提奶盖茶就做好了，开喝吧！

芝芝芒果奶盖茶

食材

芒果	1个
茉莉绿茶	100mL
蜂蜜	10mL
冰块	10块
奶盖	适量

步骤

1 将芒果对切成两半，按照如图所示的方法切成丁。

2 榨汁杯中放入芒果丁，倒入茉莉绿茶、蜂蜜、冰块。

3 用榨汁机打匀，倒入杯中，加入奶盖，芝芝芒果奶盖茶就做好了，开喝吧！

＊

我是鸡胸肉控

嘿，减值控看这里！

周围的朋友们无一例外地都在嚷嚷要减肥，

我和老白也加入了减肥的队伍。想要减肥，瘦身餐一定不能少！

既然吃瘦身餐，也不能亏待自己，就算吃鸡胸肉也要吃自己喜欢的！

一口气教你们做7个口味，让你们一周七天不重样。

为了让摄入的热量更少，我把所有要用到的糖换成了蜂蜜和零卡糖，

把醋换成了柠檬汁，把食用油换成了椰子油。

我还用了水油煎的方法，用先煎再加点水焖熟的方法会让鸡胸超级嫩而且汤汁饱满，

大家可以放心跟着方子做，味道好而且热量也很低。

祝每个同学都能拥有自己理想的身材！

扫码观看视频

蒜香蜂蜜口味

食材

鸡胸肉	1块	生抽	15mL
盐	2g	蜂蜜	10mL
料酒	10mL	椰子油	5mL
蒜末	10g	腌料汁	10mL

步骤

1 先将鸡胸肉两面划刀，放入保鲜袋中。

2 在保鲜袋中依次加入盐、料酒、蒜末、生抽、蜂蜜、椰子油。按摩入味后，放入冰箱冷藏一晚。取出后将鸡胸肉放入锅里小火煎至两面金黄，再倒入10mL清水、10mL腌料汁，盖上锅盖焖熟后大火收汁，蒜香蜂蜜口味的鸡胸肉就做好了，开吃吧!

迷迭香柠檬口味

食材

鸡胸肉	1块	迷迭香	1小把
盐	5g	蒜末	5g
黑胡椒碎	5g	椰子油	5mL
柠檬片	4片		

步骤

1 先把鸡胸肉两面划刀，放入保鲜袋中。撒上盐、黑胡椒碎，放入保鲜袋后加入柠檬片、迷迭香、蒜末、椰子油。

2 将鸡胸肉按摩入味，放入冰箱冷藏一晚。取出后将鸡胸肉煎至两面金黄，加入10mL清水，小火焖熟后大火收汁，迷迭香柠檬口味的鸡胸肉就做好了，开吃吧!

蚝油黑胡椒口味

食材

鸡胸肉	1块	生抽	15mL
盐	2g	黑胡椒碎	8g
料酒	10mL	椰子油	5mL
蚝油	20g	腌料汁	10mL

步骤

1 鸡胸肉两面划刀，放入保鲜袋，依次加入盐、料酒、蚝油、生抽、黑胡椒碎、椰子油。

2 按摩入味，放入冰箱冷藏一晚。取出后将鸡胸肉小火煎至两面金黄，加水焖熟后倒入腌料汁，再用大火收汁，蚝油黑胡椒口味的鸡胸肉就做好了，开吃吧！

酸奶咖喱口味

步骤

1 鸡胸肉两面划刀，放入保鲜袋，依次加入盐、无糖酸奶、咖喱粉、柠檬汁、椰子油、零卡糖。

2 按摩入味，放入冰箱冷藏一晚。

3 取出后，将鸡胸肉小火煎至两面金黄，加水焖熟，大火收汁，酸奶咖喱口味的鸡胸肉就做好啦，开吃吧！

食材

鸡胸肉	1块
盐	3g
无糖酸奶	10mL
咖喱粉	8g
零卡糖	5g

韩式辣酱口味

步骤

1 鸡胸肉两面划刀，放入保鲜袋，依次加入盐、料酒、韩式辣酱、蒜瓣、番茄酱、蜂蜜、生抽、椰子油。

2 按摩入味，放入冰箱冷藏一晚。

3 取出后，小火将鸡胸肉煎至两面金黄，倒入少量清水焖熟，大火收汁即可。

食材

鸡胸肉	1块	番茄酱	20g
盐	3g	蜂蜜	10g
料酒	10mL	生抽	10g
韩式辣酱	15g	椰子油	5mL
蒜瓣	3g		

日式照烧口味

步骤

1 鸡胸肉两面划刀，放入保鲜袋，依次加入洋葱碎、盐、日式酱油、味醂、零卡糖、椰子油。

2 按摩入味，放入冰箱冷藏一晚。

3 取出后，小火将鸡胸肉煎至两面金黄，加入少量清水焖熟，用大火收汁，撒上白芝麻，日式照烧口味的鸡胸肉就做好了，开吃吧！

食材

鸡胸肉	1块
洋葱碎	5g
盐	2g
日式酱油	20mL
味醂	20mL
椰子油	5mL
白芝麻	1把
零卡糖	15g

香辣孜然口味 [*]

食材

鸡胸肉	1块	蚝油	15g
姜末	3g	孜然粒	10g
蒜末	3g	辣椒粉	10g
盐	5g	孜然粉	5g
料酒	10mL	辣椒面	5g
生抽	10mL	椰子油	5mL

步骤

1 鸡胸肉两面划刀，放入保鲜袋，依次加入姜末、蒜末、盐、料酒、生抽、蚝油、孜然粉、辣椒粉、孜然粒、辣椒面、椰子油。

2 按摩入味，放入冰箱冷藏一晚。

3 取出后，将鸡胸肉小火煎至两面金黄，加水焖熟，大火收汁，香辣孜然口味的鸡胸肉就做好了，开吃吧！

我是芝士控

嘿，芝士控看这里！

加了芝士，食物就会变得更好吃。

教大家做5款我很喜欢的芝士料理。

我一般会用两种芝士，一种是普通超市都能买到的芝士片，

和其他食物搭配在一起，光闻到味道心情就会好起来。

另一种就是会变拉丝魔法的马苏里拉芝士。一般做比萨之类的食物时都会用到，

奶香味特别足，吃起来还会拉丝，真的超满足！

扫码观看视频

培根芦笋芝士卷

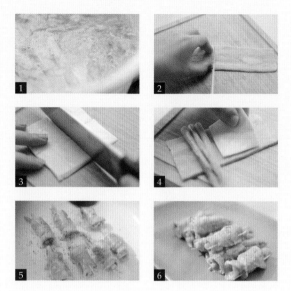

食材

培根	4片
芦笋	150g
芝士	2片
黑胡椒碎	适量

步骤

1 芦笋切段后放入水中焯熟，捞出备用。

2 将培根对切成两半。

3 将芝士切成4小块。

4 培根上放上芦笋和芝士，卷起后用牙签固定。

5 锅内倒入食用油，放上培根卷煎至金黄。

6 撒上黑胡椒碎调味，培根芦笋芝士卷就做好啦，开吃吧！

雪冰芝士烤年糕

食材

芝心年糕	3根
吐司	1片
马苏里拉芝士	20g
蜂蜜	适量

步骤

1 将芝心年糕放入水中煮熟后捞出备用。

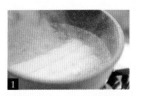

2 在吐司上淋上蜂蜜。

3 盘中放入3根年糕，在年糕上插上竹扦。

4 撒上马苏里拉芝士。

5 放入预热至180℃的烤箱烤5分钟，雪冰芝士烤年糕就做好啦，开吃吧！

Tips ✳

若没有马苏里拉芝士，也可以用任意一片超市都能买到的芝士片代替。

芝士土豆球

食材

土豆	250g
胡萝卜丁	20g
牛奶	50mL
黄油	5g
芝士	半片
黄瓜片	适量

步骤

1 将土豆去皮、切成滚刀块。

2 将土豆块放入碗中，放入胡萝卜丁。

3 倒入牛奶。

4 放入微波炉中用高火加热15分钟。

5 取出后按压成土豆泥，加入黄油、切成小块的半片芝士，搅拌均匀。

6 将土豆泥舀成球状，放在黄瓜片上，清香的芝士土豆球就做好啦，开吃吧！

Tips ✳

1\ 将土豆切成小块更容易烤熟。

2\ 用水也是可以的，但没有用牛奶制作的芝士土豆球味道香甜。

3\ 中途可以拿出来翻动一下，如果牛奶或者水放得不够，还可以再加。

4\ 一定要放黄瓜，不但好看，还解腻。

芝士红肠小比萨

食材

吐司	2片
洋葱丝	5g
熟口蘑	6片
红肠	6片
西蓝花	5g
马苏里拉芝士	30g
番茄酱	适量

步骤

1 在吐司上淋上番茄酱，抹匀。

2 放上洋葱丝、熟口蘑、红肠、西蓝花。

3 撒上30g马苏里拉芝士。

4 放入预热至180℃的烤箱中烤10分钟，芝士红肠小比萨就做好啦，开吃吧！

Tips ✳

1＼ 和做比萨一样，爱吃什么食材就放什么食材，一些不容易烤熟的食材记得提前过水余熟。

2＼ 没有马苏里拉芝士的可以用普通芝士片撕小块替代。

3＼ 将芝士烤至微微金黄即可。

芝心玉子烧

食材

鸡蛋	3个
牛奶	25mL
芝士	1片
培根丁	20g
香葱末	适量

步骤

1 将鸡蛋加入牛奶中打散。

2 加入培根丁，与香葱末搅拌均匀，可根据个人口味再加适量盐。

3 锅内刷油防粘，倒入三分之一蛋液，铺匀后开小火。

4 在蛋液凝固时放入芝士片。

5 用筷子从芝士一端卷起推至另一端。

6 锅内刷油，继续倒入三分之一的蛋液，在蛋液凝固时卷起并倒入新的蛋液，重复这个步骤直至蛋液全部用完。取出切块，芝士玉子烧就完成啦！

我是芒果控

嘿，芒果控看这里！

我觉得甜品里最好吃的就是芒果类的了。

好多有名的港式甜品，都是以芒果为主要食材。

教大家做4款超好吃的芒果甜品，

芒果布丁杯、牛奶芒果西米露和椰香芒果糯米糍，通通都是港式甜品里的人气王！

还有大片芒果冰沙杯，做法也被我偷偷学来了，

做出来味道比店里卖的还要好！

扫码观看视频

芒果布丁杯

食材

芒果泥	150g
吉利丁片	15g
牛奶	200mL
炼乳	20g
薄荷叶	适量

步骤

1 芒果切开后，按如图所示的方法切丁。把大部分芒果丁放入原汁机，打至顺滑，倒出备用。

2 准备一个小锅，倒入牛奶和炼乳，开小火加热。加入吉利丁片，关火搅匀。

3 加入打好的芒果泥，搅拌均匀。

4 过滤芒果溶液。

5 倒入布丁杯，冷藏1小时，取出后放上剩余的芒果丁、薄荷叶。

6 芒果布丁杯完成啦，开吃吧！

Tips ✳

1\ 要切出漂亮的芒果丁其实很简单：将芒果以中间的核为中心切开，用刀尖在果肉上划出网格状，不要划破果皮，用手将芒果皮往上翻，果肉就颗颗分明啦，再用刀尖切下即可。

2\ 搅拌芒果泥时，要有耐心慢慢搅。

3\ 过滤芒果溶液时，一定要记得将果肉里的粗纤维过滤掉，不然布丁的口感会不顺滑。

牛奶芒果西米露

食材

芒果	1个
炼乳	20mL
小西米	50g
椰浆	100mL
牛奶	100mL
薄荷叶	1片

步骤

1 准备一个奶锅，倒入1L清水，大火煮开后，放入50g小西米。

2 煮至小西米变透明，中间剩下一点点的白芯。

3 关火，加盖把西米闷至变成全透明。

4 将煮好后的西米捞出后过一遍凉水，防止粘连，这样西米也会变得有弹性。

5 芒果划开切成小块备用。

6 准备一个碗，倒入煮好的西米，倒入椰浆、牛奶、炼乳搅拌均匀。

7 放入芒果粒，用薄荷叶装饰，牛奶芒果西米露就做好啦，开吃吧！

椰香芒果糯米糍

食材

糯米粉	100g
玉米淀粉	20g
白砂糖	20g
牛奶	125mL
色拉油	13g
芒果粒	适量
椰蓉	适量

步骤

1 准备一个大碗，倒入糯米粉、玉米淀粉、白砂糖。

2 倒入牛奶、色拉油，搅拌至顺滑。

3 蒸锅内倒入清水，大火上汽后放入搅拌好的面糊，大火蒸20分钟。

4 蒸好后取出，放凉到不烫手时备用。

5 取20g糯米团、揉圆，压成边缘略薄的饼状。

6 包入一块大芒果粒，收口、揉圆，裹上椰蓉，椰香芒果糯米糍就完成啦！

Tips ✳

包糯米团的时候很容易粘手，在手上蘸一些水会更容易包。

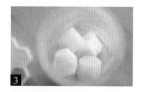

大片芒果冰沙杯

食材

大芒果	1个	淡奶油	200mL
牛奶冰块	10块	白砂糖	30g
牛奶	50mL		

步骤

1 将芒果洗净、削皮。

2 切成长方形的小块，并切几片方形芒果片备用。

3 将芒果肉、牛奶冰块放入原汁机内，倒入牛奶。

4 搅拌至顺滑，倒入杯中备用。

5 量杯内倒入淡奶油、白砂糖。用电动打蛋器打发。

6 装入裱花袋内，在做好的冰沙上挤上奶油。

7 最后在奶油上贴上切好的方形芒果片。

8 插上吸管和牙签，大片芒果冰沙杯就完成啦！

Tips ✳

1\ 制作时使用的牛奶冰块是我提前冻好哒，用普通冰块也是可以的。喜欢吃甜一点的可以再加些蜂蜜或者白砂糖。

2\ 芒果块要切得又大、又厚，方便用牙签插着吃。

3\ 步骤8中，我在牙签上装饰了一朵小云，直接插根牙签也可以。

我是咖啡控

嘿，咖啡控看这里！

下午茶喝点什么既解渴又能提神呢？

当然是喝咖啡啦，冰冰凉凉的那种！

以前觉得好喝的咖啡又要磨、又要煮，特别麻烦，

但现在有了各种挂耳咖啡就变得方便很多了，用热水一冲就搞定！

可以换着花样喝，还可以经常做给身边的朋友喝。

教大家做4款可以媲美咖啡店招牌咖啡的咖啡冰饮。

咖啡爱好者赶紧收藏好！喝完的咖啡渣也不要丢，还有各种小用途呢！

扫码观看视频

手冲咖啡

食材

挂耳咖啡	一袋
热水	200mL

步骤

将一袋挂耳咖啡挂在杯壁上，将热水分次冲入，一杯手冲咖啡就做好了。

橙子苏打咖啡

步骤

1 把橙子对切成两半，榨汁，倒入冰块。

2 倒入苏打水、咖啡，放上1根迷迭香，插入吸管，橙子苏打咖啡就做好啦，开喝吧！

食材

橙子	1个
苏打水	100mL
咖啡	150mL
冰块	5块
迷迭香	1根

抹茶牛奶咖啡 ✳

步骤

1 在碗中倒入抹茶粉、白砂糖，用热水冲开，再用茶筅混合均匀。

2 在杯中放入冰块，倒入混好的抹茶液、牛奶、咖啡。插上吸管，抹茶牛奶咖啡就做好啦，开喝吧！

食材

抹茶粉	5g
白砂糖	10g
牛奶	100mL
咖啡	150mL
冰块	6块

奥利奥奶盖咖啡 ✳

步骤

1 将奥利奥装入袋中敲碎。

2 将奥利奥碎倒入杯中，倒入牛奶、咖啡。

3 倒入20g奶盖，撒上可可粉，插上吸管，奥利奥奶盖咖啡就做好啦，开喝吧！

食材

奥利奥	4块
牛奶	100mL
咖啡	100mL
奶盖	20g
可可粉	适量

鸳鸯雪顶冻咖啡

食材

咖啡冻：		鸳鸯奶茶：	
热咖啡	50mL	红茶	1包
热水	50mL	白砂糖	15g
白砂糖	10g	牛奶	50mL
白凉粉	10g	咖啡	100mL
冰块	4块	冰激凌	1盒

步骤

1 在小碗里倒入热咖啡、热水、白砂糖、白凉粉后迅速搅拌均匀。

2 放入冰箱冷藏30分钟。

3 在奶锅中倒入水煮沸，放入红茶、白砂糖煮至沸腾。

4 倒入牛奶、咖啡搅拌均匀，放置一旁冷却。

5 在杯中倒入鸳鸯奶茶及冰块。

6 拿出冷藏好的咖啡冻，划小块。

7 倒入鸳鸯奶茶中、再挖1勺冰激凌球放上面，鸳鸯雪顶冻咖啡就做好啦，开喝吧！

我是韩料控

嘿，韩料控看这里！

话说每次看韩剧，总会没出息的被剧里的韩料馋到，

虽然完全比不上我们中式料理丰富多样，但是对于吃货来说，

看剧里的男、女主角在冬日的路边小摊吃炒年糕，

在烤肉店吃烤五花肉、喝辣豆腐汤，在家里吃拉面，还是好想吃。

来教大家做韩剧中经典的3款料理！

制作时，由于都加了辣酱，所以整道料理都变得红彤彤的，特别诱人，

辣辣的口感也很适合在冷冰冰的季节食用。

只要拥有韩料必备的韩式辣酱，做法就会变得特别简单，调好料汁就能轻松完成啦！

再也不用冒着寒风出去吃韩料啦，

宅在家同样可以一边追韩剧一边吃韩国料理。

扫码观看视频

滑嫩嫩辣豆腐汤

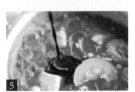

食材

基围虾	5个	豆腐	200g
洋葱丝	20g	韩式辣酱	适量
京葱圈	20g	辣椒粉	适量
泡菜	100g	料酒	5mL
蛤蜊	100g	盐	1g
西葫芦片	50g	白胡椒粉	1g
金针菇	30g	生抽	适量

步骤

1 基围虾去除虾线，倒入料酒、盐、白胡椒粉抓拌均匀。

2 将泡菜、豆腐切小块备用。

3 锅内倒油，放入洋葱丝、京葱圈、虾，小火炒香。

4 放入泡菜翻炒均匀，倒入热水，放入韩式辣酱、辣椒粉搅拌均匀。

5 将西葫芦切片、金针菇去根后放入锅中，放入蛤蜊、豆腐块，放入锅内大火煮开，加入盐、生抽搅拌均匀，煮至蛤蜊开口，滑嫩嫩辣豆腐汤就做好啦，开吃吧！

思密达辣酱炸鸡

时间过得真快，一眨眼就立冬了！
每到天一冷，路边的炸鸡店生意都会变得超级好。
鸡肉在油锅里吱吱作响，还散发着油炸的香味，太诱人了！

于是，我决定自己做，想吃多少就吃多少！

食材

鸡翅	8个
淀粉	适量
面粉	适量
韩式辣酱	20g
番茄酱	30g
蜂蜜	10g
食用油	适量
蒜片	5g
鸡蛋	1个
洋葱丝	20g
盐	3g
黑胡椒粉	2g
蒜末	适量
白芝麻	适量

步骤

1 鸡翅洗净，擦干水分后放入碗中。加入蒜片、洋葱丝、蛋黄、盐、黑胡椒粉搅拌均匀。静置2小时，腌制入味。

2 将淀粉与面粉拌匀后，放入鸡翅抓匀。

3 锅内倒入食用油，将油烧热到160℃左右，将鸡翅下锅炸5~8分钟，炸至表面金黄后捞出待凉。

4 稍微凉一会儿，再把鸡翅放入油锅复炸3分钟。

5 炸鸡的同时调酱料：将韩式辣酱、番茄酱、盐、蜂蜜、纯净水搅拌均匀。

6 在平底锅中倒入10ml食用油，油热后放入蒜末爆香，再倒入调好的酱汁。

7 倒入炸好的鸡翅，让鸡翅均匀地裹上酱汁。

8 撒上白芝麻。夹出，放在吸油纸上，思密达辣酱炸鸡就做好啦，开吃吧！

扫码观看视频

Tips ✳

1\ 炸鸡时，没有温度计的同学只需要等油热了之后，把一根干净、无水的筷子伸进热油里，如果筷子表面立刻咕噜咕噜冒泡的话，就表示油温正合适。

2\ 记住！所有接触热油的工具都得是无水的，这样热油才不会溅出，安全第一哦！

3\ 腌鸡翅时，加入蛋黄能让鸡肉更嫩、更香。

4\ 复炸可让鸡翅更加酥脆。

5\ 可根据个人口味调整调味料的使用量。

芝心满满辣炒年糕

食材

胡萝卜片	50g	番茄酱	10mL
鱼饼块	60g	蒜末	5g
圆白菜块	50g	蜂蜜	5mL
洋葱丝	50g	生抽	10mL
芝心年糕	300g	清水	10mL
白芝麻	适量	食用油	适量
韩式辣酱	2汤匙		

步骤

1 将鱼饼块切成三角形备用。

2 调一份炒年糕的酱料：将韩式辣酱、番茄酱、蒜末、蜂蜜、生抽、清水搅拌均匀即可。

3 锅内倒入食用油，放入洋葱丝、圆白菜块、胡萝卜片、鱼饼用中火炒熟。

4 倒入热水和炒年糕酱料，翻炒均匀，再放入芝心年糕，炒匀后用大火收汁。

5 盛出装盘，撒上白芝麻，芝心满满辣炒年糕就做好啦，开吃吧！

我是排毒水控

嘿，下面为大家介绍我最爱喝的排毒水。

排毒水就是将新鲜蔬果在饮用水中冷藏浸泡而得到的天然维生素水。

夏天喝，清爽、健康又不用担心变胖。

制作时，一般都会用到苏打水，既有汽水的清爽口感，弱碱水还能中和胃酸。

和柠檬在一起喝还能抗氧化，美容养颜，预防皮肤老化。

每年夏天的时候，我就会开始喝排毒水。颜值爆表的排毒水让我爱上喝水，

心情也很好，皮肤也好了很多。

觉得不够甜的，加适量蜂蜜就好啦！

其实排毒水很方便，可以和任何你爱吃的蔬果随意搭配。喝完还可以吃水果，一举两得！

学会了做排毒水，完全可以和甜腻腻的汽水说拜拜啦！

这7款排毒水，又可以一周七天不重样啦！这个夏天喝它们就足够啦！

把同色系的水果搭配在了一起，七种颜色也妥妥地满足了我的少女心！

一周的每一天都有不同口感和颜色的水果相对应，不知道你们最喜欢周几呢？

扫码观看视频

西瓜柠檬排毒水 ※

食材

西瓜	适量	冰块	适量
柠檬	适量	苏打水	适量
薄荷	适量		

步骤

1 西瓜切成小块、柠檬切片，放入自封袋。

2 放入冰块、倒满苏打水，放入薄荷增加清凉的口感，西瓜柠檬排毒水就完成啦，开喝吧！

哈密瓜橙子排毒水 ※

食材

哈密瓜	适量	冰块	适量
橙子	适量	苏打水	适量
薄荷	适量		

步骤

1 哈密瓜切成小块、橙子切片，放入自封袋。

2 放入冰块，倒满苏打水，放入薄荷，哈密瓜橙子排毒水就完成啦，开喝吧！

百香果菠萝排毒水 ※

食材

菠萝	适量	冰块	适量
柠檬	适量	苏打水	适量
百香果	适量		

步骤

1 菠萝切小块、百香果切开后取果肉，放入自封袋。

2 放入一片柠檬，放入冰块，倒入苏打水，百香果菠萝排毒水就完成啦，开喝吧！

黄瓜青提排毒水

食材

青提	适量
青柠	适量
黄瓜	适量
冰块	适量
苏打水	适量

步骤

1 青提对半切开，黄瓜切片，放入自封袋，再放入一片青柠。

2 放入冰块，倒满苏打水，黄瓜青提排毒水就完成啦，开喝吧！

蓝莓薄荷排毒水

食材

蓝莓	适量
柠檬	适量
薄荷	适量
冰块	适量
苏打水	适量

步骤

1 蓝莓轻轻压碎，将蓝莓和柠檬放入自封袋。

2 放入冰块，倒满苏打水，放入一片薄荷，蓝莓薄荷排毒水就完成啦，开喝吧！

火龙果樱桃排毒水

食材

红心火龙果	适量
樱桃	适量
薄荷	适量
冰块	适量
苏打水	适量

步骤

樱桃对半切开，火龙果切小块，放入自封袋，放入冰块，倒满苏打水，火龙果樱桃排毒水就完成啦，开喝吧！

苹果雪梨排毒水

食材

梨	适量
苹果	适量
青柠	适量
冰块	适量
苏打水	适量

步骤

1 梨切片、苹果切小块，放入自封袋，放入一片青柠。

2 放入冰块，倒满苏打水，苹果雪梨排毒水就完成啦，开喝吧！

※

我是小龙虾控

嘿，小龙虾控看这里！

最近每次和老白在家点外卖、出去吃夜宵、和朋友约吃饭，总是在吃小龙虾。

其实外面的小龙虾并不新鲜、干净，要吃到肉质饱满味道又好的小龙虾也要碰运气。

像我这种小龙虾控，当然要学会自己做啦！

来教大家做4款小龙虾。

做法简单而且超级好吃。

别去外面买了，以后自己做小龙虾吃到爽吧！

扫码观看视频

十三香啤酒小龙虾

食材

小龙虾	500g
十三香粉	5g
蒜	5瓣
姜	适量
花椒	适量
干辣椒	6个
食用油	10mL
啤酒	300mL
盐	1g
糖	3g
生抽	5mL

步骤

1 先把买好的小龙虾用小刷子刷干净。

2 将蒜去皮、姜切片。

3 锅内倒入食用油，放入蒜、姜片、花椒、干辣椒大火炒香，倒入小龙虾用大火炒熟。

4 倒入啤酒，放入十三香粉、盐、糖、生抽翻炒均匀。盛出装盘，撒上香菜，十三香啤酒小龙虾就做好了，开吃吧！

花雕柠香醉虾

食材

小龙虾	500g	清水	1.1L
花雕酒	300mL	姜	3片
柠檬片	适量	料酒	20mL
冰块	适量	盐	5g
花椒	1g	生抽	20mL
小米椒	1个	蜂蜜	10mL
		薄荷叶	适量

步骤

1 锅内倒入1升清水，放入姜、料酒，放入小龙虾用大火煮熟。

2 将部分柠檬片及冰块放入杯中，倒入100mL饮用水。

3 把煮好的小龙虾放入冰柠檬水里冷却，让小龙虾的肉变得很紧实。

4 取剩余柠檬片，将柠檬汁挤入较大的容器中，加入小米椒、花椒、盐、花雕酒、生抽、50mL饮用水、蜂蜜调味。

5 放入小龙虾及柠檬片，搅拌均匀。

6 放入冰箱冷藏12个小时左右，盛出装盘，用柠檬片和薄荷装饰，花雕柠香醉虾就做好啦，开吃吧！

Tips ✳

柠檬片可以去腥，没有柠檬片及冰块也可切几片柠檬皮放在冰水里。

黄金蒜泥小龙虾

食材

小龙虾	500g
蒜	1头
姜丝	1g
葱段	1个
干辣椒	4个
食用油	20mL
盐	1g
糖	3g
蚝油	5mL
生抽	5mL
葱花	适量

步骤

1 蒜去皮，用压蒜器压成蒜泥备用。

2 锅内倒入20mL食用油，放入姜丝、葱段、干辣椒，小火煸香。

3 倒入10g蒜泥小火用炒香。

4 放入小龙虾炒熟，倒入啤酒。

5 放入盐、糖、蚝油、1g蒜泥、生抽翻炒均匀。

6 大火收汁后盛出装盘，撒上葱花，黄金蒜泥小龙虾就做好了，开吃吧！

咸蛋黄锅巴小龙虾

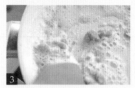 

食材

小龙虾	500g
咸蛋黄	20g
锅巴	30g
食用油	20mL

步骤

1 将小龙虾煮熟后，去头备用。

2 将咸鸭蛋切开，取出蛋黄后捣碎备用。

3 锅内倒入食用油，放入咸蛋黄用中火炒出泡沫。

4 放入虾球和锅巴翻炒均匀，使小龙虾均匀地裹上咸蛋黄。

5 盛出装盘，咸蛋黄锅巴小龙虾做好了，开吃吧！

Tips ✳

1\ 我爱吃浓浓的咸蛋黄，所以我切了 4 个。

2\ 将锅巴垫在下面，虾球码在上面会使这道菜看起来特别诱人。

我是莫吉托控

嘿，鸡尾酒控看这里！

虽然我不太会喝酒，但偶尔也会点一杯莫吉托来喝，它的酒精含量低，还有浓浓的果味。

莫吉托中的柠檬和薄荷中和了朗姆酒的烈性，冰凉解暑，特别适合女孩子喝。

除了传统的莫吉托外，还能做很多口味。

下面就来教大家做4款少女特饮莫吉托。

材料容易购买，都是我喜欢的水果：有鲜黄的柠檬，有甜爽的西瓜，还有香甜的百香果和酸甜的蓝莓，

再倒入甜润的朗姆酒和健康的气泡水，扔几块冰块，撒几片薄荷叶就完成了。做法超简单，闷热天气来一杯，

清凉爽口，好惬意！

不能喝酒的同学们也别担心，不加朗姆酒的无酒精版的莫吉托，

喝起来也很棒，平时和闺蜜聚会都可以来一杯，

赶紧做一杯专属自己的少女特饮莫吉托吧！

扫码观看视频

原味莫吉托

食材

白砂糖	2g
柠檬汁	10mL
柠檬片	1片
薄荷叶	4片
柠檬	2块
冰块	4块
白朗姆酒	50mL
气泡水	150mL

步骤

1 将白砂糖、柠檬汁、薄荷叶放入研磨碗中碾碎。

2 碾碎后倒入杯中，放入2块柠檬。

3 加入冰块，倒入白朗姆酒、气泡水。

4 放上薄荷叶、柠檬片做装饰，原味莫吉托就做好啦，开喝吧！

蓝莓味莫吉托

食材

蓝莓	10颗
白砂糖	2g
柠檬汁	10mL
薄荷叶	4片
冰块	4块
白朗姆酒	50mL
气泡水	150mL

步骤

1 将5颗蓝莓碾碎后放中杯中，加入白砂糖、柠檬汁、薄荷叶。

2 依次加入冰块、白朗姆酒、气泡水，放入5颗蓝莓，蓝莓味莫吉托就做好啦，开喝吧！

百香果味莫吉托

食材

百香果	1个
白砂糖	3g
薄荷叶	4片
冰块	4块
白朗姆酒	50mL
气泡水	150mL

步骤

1 将百香果肉、白砂糖、薄荷叶放入杯中。

2 加入冰块、白朗姆酒、气泡水，百香果味莫吉托就做好啦，开喝吧！

西瓜味莫吉托

食材

西瓜	5小块
白砂糖	2g
柠檬汁	10mL
薄荷叶	4片
冰块	4块
白朗姆酒	50mL
气泡水	150mL

步骤

1 将4块西瓜果肉捣碎后放入杯中，加入白砂糖、柠檬汁、薄荷叶。

2 依次加入冰块、白朗姆酒、气泡水，用剩余的1块西瓜进行装饰，西瓜味莫吉托就做好啦，开喝吧！

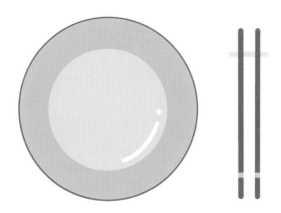

第三章

✳

好好吃饭

Eat Earnestly

好好吃饭

Eat Earnestly

好好吃饭

Eat Earnestly

100%成功的糖醋排骨

每个礼拜我总想吃一顿糖醋排骨。

说起家常菜，我妈妈真的是个厨艺特别棒的人，从小只要是我想吃的她都能研究研究立刻做出来，尤其家常菜都做得特别好吃，家里所有亲戚们对妈妈的手艺都是服气的！

这道糖醋排骨，做法就是从我妈妈那偷师来的，妈妈做的糖醋排骨是我吃过最好吃的糖醋排骨。排骨酥烂、汤汁酸甜，搭配米饭真的是一绝，方子简单、好记，还有好多秘方告诉你哦！

食材

肋排	500g
冰糖	50g
料酒	2汤匙
生抽	2汤匙
香醋	3汤匙
白芝麻	适量
姜片	适量
食用油	10mL
热水	300mL
盐	1g

步骤

1 将肋排均匀切块。

2 锅内倒入清水，放入排骨和姜片，倒入料酒，大火焯水，撇去浮沫后捞出备用。

3 锅内倒入食用油，放入冰糖，将冰糖炒出糖色，放入排骨翻炒并均匀挂上糖色。

4 放入姜片炒出香味，加入300mL热水。

5 开始做调味汁：将料酒、生抽、香醋倒入碗中，搅拌均匀。

6 将调味汁倒入锅中，转小火加盖煮30分钟，开盖后转大火收汁，加入盐调味，翻炒均匀。

7 收好汁、排骨变得油亮亮的时候就可以关火装盘啦，浇上锅内剩下的酱汁，撒上白芝麻，糖醋排骨就做好啦，开吃吧。

扫码观看视频

Tips ✳

1\ 一定要将排骨焯水，这样排骨才不会腥。

2\ 排骨红润有光泽的秘方就在于炒糖色，用小火慢慢熬就不会失败啦！焦糖色还能让排骨更香。

3\ 步骤4中加入的水一定要是热水，最好是沸水，冷水会让排骨肉质变硬。

4\ 记得每隔一段时间就打开锅盖翻动一下，千万不要把汤汁全部烧干，没有汤汁的排骨就不好吃咯！

女生都爱的黄豆焖猪蹄

在上海经常会想念妈妈做的各种菜，尤其是妈妈做的炖猪蹄，软软糯糯还有浓郁的汤汁，
饿的时候啃一口猪蹄、再吃一口拌着汤汁的米饭，别提多幸福了！

这款黄豆炖猪蹄，做法是妈妈亲自传授给我的，
它是我心中最好吃的味道。
黄豆软软糯糯非常香，猪蹄弹性十足，一点也不油腻。

扫码观看视频

食材

猪蹄	1kg
黄豆	100g
八角	4个
香叶	4片
桂皮	3片
干辣椒	4个
姜	3片
葱结	适量
料酒	20mL
食用油	10mL
冰糖	30g
生抽	20mL
老抽	5mL
热水	1L
葱结	1个

步骤

1 将黄豆倒入清水中浸泡2小时备用。

2 猪蹄洗净、去毛，冷水入锅，放入1片姜片、料酒大火焯水。

3 煮好后捞出备用。

4 锅内倒入食用油，放入冰糖炒至呈焦糖色，倒入猪蹄翻炒挂上糖色。

5 放入八角、香叶、干辣椒、桂皮、2片姜片炒香。

6 倒入生抽、老抽翻炒均匀后，将炒好的猪蹄倒入珐琅锅。

7 放入泡好的黄豆、热水、葱结，大火煮开后转小火煮1~2小时至软糯。煮好后取出葱结和香料。

8 开盖转大火收汁。盛出装碗，黄豆炖猪蹄就做好了，开吃吧！

Tips ❋

1\ 珐琅锅整体厚重，密封性、保温性好，所以产生的蒸汽可以很好地在锅内循环，可以相当于半个高压锅，煮出来的食物也更加入味。

2\ 炖猪蹄时，要不时地翻动一下以防粘锅，如果水少的话可以添加一些热水进去。

每周都想吃的虎皮蛋红烧肉

无论什么时候，大口大口地吃肉才能好好安慰自己的心。

虎皮蛋红烧肉是一道非常家常的菜，大块大块的五花肉和炸得香香的蛋都浸在红烧汁里，光用红烧肉的汁拌米饭我都能吃掉一大碗。

虎皮蛋红烧肉是我妈妈的拿手菜，我从小吃到大。妈妈说要做到肉肥而不腻、蛋又酥又香、汤汁浓稠清亮才算是一碗及格的蛋烧肉。听起来很复杂，但其实很简单！
我已经从妈妈那把秘方偷来了，跟着我的步骤和贴士，就能零失败啦！

食材

五花肉	300g	食用油	5mL
鹌鹑蛋	8个	冰糖	10g
葱花、葱段	各适量	热水	1L
姜片	适量	生抽	10mL
八角	适量	老抽	5mL
香叶	适量	料酒	5mL
桂皮	适量		

步骤

1 将鹌鹑蛋用大火煮熟，捞出过冷水，待凉之后剥壳备用。

2 将五花肉切成大小均匀的块。

3 锅内倒入食用油，放入八角、香叶、桂皮、姜片，炒出香味，再放入五花肉，煎至表面金黄。

4 夹出五花肉和香料备用。

5 放入鹌鹑蛋煎至表面金黄，夹出备用。

6 在塔吉锅内倒入食用油。放入冰糖，炒出糖色后，立刻放入五花肉，让五花肉均匀地挂上糖色。

7 加入热水（没过五花肉），放入葱段。

8 加入生抽、老抽、料酒，盖上盖子，大火煮30分钟，喜欢吃甜的还可以再加一些冰糖。

9 夹出香料，放入鹌鹑蛋，盖上盖再煮10分钟，开盖后用大火收汁，放入一点盐，翻炒均匀。

10 盛出淋上锅内留下的酱汁，再撒上些葱花，虎皮蛋红烧肉就做好啦！配上一碗热腾腾的白米饭，开吃吧！

Tips ✳

1\ 煎五花肉时，五花肉的油脂已经留在锅里了，不用担心多吃几口会发胖。

2\ 将五花肉放入塔吉锅内煮30分钟就会非常软烂，如果想品尝入口即化的红烧肉，可以中小火炖40~60分钟。

3\ 将煮鹌鹑蛋放入密封盒子里，再放一些水，剧烈地摇晃一下，蛋皮就会很好剥。

4\ 要做出肥而不腻的五花肉，一定要先煎。把肥肉的油脂都煎出来才不会肥，表面煎出金黄色再炖肉才会外酥里嫩。五花肉只要提前清洗干净就不用焯水啦！焯过水的五花肉再煎口感也会略差。

5\ 煎五花肉留下的油可以用来煎鹌鹑蛋，一般制作虎皮蛋时都需要放入油锅炸，但鹌鹑蛋个头比较小很容易炸的表面太硬，换成油煎既比较容易上手还不浪费油。

6\ 加水炖肉一定要记得加入热水，最好是刚烧开的沸水，这样肉才不会遇冷收缩变硬，做好的肉吃起来才会酥软。水的量一定要没过肉。

7\ 最后10分钟放入鹌鹑蛋是最合适的。

8\ 如果想要用汤汁来拌饭，汁可以留多一些，爱吃浓郁的酱汁的，就要多煮一会儿。

9\ 鹿妈妈小秘方：挂了糖色才能做出浓稠又漂亮的汤汁！焦糖能让肉释放一种特殊的香味，让肉香更足，还能让挂在肉上的汤汁颜色更剔透，比老抽上色更漂亮。

扫码观看视频

超级下饭的回锅肉

下厨对我来说是个减压的途径。

在学校念书那会儿，懒得出门或者赶作业的时候，都会在宿舍里点外卖。
通常都是叫一份菜和一份饭的那种，简单又方便，还能吃得很满足。

点最多次的，必须是回锅肉！直到现在我都觉得，一口饭再一口肉，就是最简单的享受。
当然，从外面买的回锅肉真正也吃不到几口肉，自己做才能实现这样简单又奢侈的享受！

所以，将这款简单又好吃的家常菜做法教给大家，希望我能帮大家找到更多日常的小幸福。

至于到底正不正宗？各家有各家的秘方，做法简单、好吃就行了！对吧？

扫码观看视频

食材

五花肉	300g
青蒜	2根
郫县豆瓣酱	适量
姜	4片
花椒	15粒
干辣椒	3个
料酒	10mL
生抽	5mL
白砂糖	3g

步骤

1 锅内倒入清水，放入五花肉、部分花椒、部分姜片，倒入料酒，将五花肉煮至七成熟，捞出后用自来水冲片刻。

2 五花肉切片，青蒜切斜段。

3 锅内倒油，放入花椒、干辣椒、剩余姜片煸出香味，放入肉片，炒至边缘略微卷起，肥肉的油脂会慢慢渗出。

4 将肉片拨到锅的一边，放入郫县豆瓣酱。这时可将锅倾斜，使肉片中渗出的油脂浸透豆瓣酱，这样就能炒出又香又亮的红油了。

5 倒入生抽，翻炒均匀，放入青蒜，加入白砂糖，翻炒均匀，回锅肉就可以出锅啦！和热腾腾的白米饭简直是绝配！

Tips ✳

1\ 五花肉放入锅中煮时，煮至可用筷子扎透但是没有血水渗出即可。捞出后放在凉水下冲，这样在切片时既不会烫手又好切。

2\ 切五花肉时，不要切得太厚、也不要切得太薄，肉片太厚会不易入味，肉片太薄容易炒烂。

3\ 调味时，糖能起到提鲜的作用，一定要放。

酸酸甜甜的菠萝咕咾肉

每次在路上闻到空气中诱人的菠萝香都特别开心，这次换个花样教你们做酸甜可口的菠萝咕咾肉。颜色鲜艳的甜椒，搭配酸甜可口的菠萝，加上满足感爆棚的大片里脊肉，清新而不油腻，还散发着淡淡的果香味，一块肉、一块菠萝搭配着吃，越吃越有滋味。用菠萝当碗，真的是一个连碗都能吃掉的硬菜，不论是用来招待朋友或是晒到朋友圈都会收获无数点赞。

扫码观看视频

食材

菠萝	1个
里脊肉	250g
青椒	1个
红椒	1个
香草苏打	1罐
水淀粉	20mL
盐	2g
鸡蛋	1个
料酒	10mL
黑胡椒粉	2g
番茄酱	30mL
白醋	5mL
白砂糖	6g

步骤

1 将菠萝在顶部三分之一处切开，如图所示切割果肉，并用勺将果肉挖出。

2 刮出剩下的果肉和果汁，倒入杯中备用。

3 在果肉中加入500mL清水、盐搅拌均匀，浸泡去涩备用。

4 里脊肉切片后用刀背轻轻拍松。

5 将里脊肉装入碗中，打入鸡蛋，加入盐、料酒、黑胡椒粉搅拌均匀，腌制15分钟。

6 在腌制好的里脊两面裹上淀粉，卷起来捏成球状，再裹上一些淀粉。

7 放入160℃的油锅中炸3分钟左右后捞出待凉，复炸至金黄捞出。

8 青、红椒去子，切块备用。

9 碗中倒入番茄酱、白醋、白砂糖、清水搅拌均匀。

10 锅内热油，倒入青、红椒炒香后加入菠萝块和里脊肉翻炒均匀。

11 加入酱汁翻炒均匀，加入水淀粉。炒至酱汁浓稠后大火收汁。盛入菠萝碗中，菠萝咕咾肉就做好啦，开吃吧!

超过瘾的酸汤肥牛土豆粉

没什么胃口的时候，我都会做一碗酸酸辣口味的酸汤肥牛土豆粉！

不仅料足，还比外面好吃一百倍，当宵夜一级棒！经常半夜做一份和老白一起吃，老白捧着碗不肯放。

加班晚的时候，也会做一份给工作室的小伙伴吃，还没关火几个人就都围着锅抢了起来！

嘴上都说挺辣的，但也没见谁停筷子。吃完跑来都和我说，好久都没吃得这么过瘾了。

快乐有时很简单，一起愉快地嗦粉吧！

食材

土豆粉	300g
蒜	3瓣
姜	2片
小米椒	2个
泡椒	2个
食用油	10mL
黄辣椒酱	40g
泡椒水	20mL
热水	500mL
高汤块	15g
盐	3g
白砂糖	5g
生抽	5mL
白醋	5mL
金针菇	250g
肥牛	500g
绿辣椒圈	适量

扫码观看视频

步骤

1 锅中倒入500mL清水煮开，放入土豆粉煮熟，捞出后放入碗中备用。

2 蒜去皮、切末，姜片切丝。将1个小米椒、2个泡椒切圈备用。

3 锅中倒入食用油，放入蒜末、姜丝、切好的泡椒圈和小米椒圈用中火炒香，再倒入黄辣椒酱炒香，倒入泡椒水。

4 倒入热水，加入高汤块大火煮开。

5 加入盐、白砂糖、生抽、白醋调味，放入金针菇用大火煮熟。

6 捞出金针菇，放入碗中，铺在土豆粉的周围。

7 放入肥牛用大火煮熟。

8 捞出肥牛放入碗中，浇上汤汁，用绿辣椒圈装饰，超过瘾的酸汤肥牛土豆粉就做好啦，开吃吧！

Tips ✳

1＼ 为防止土豆粉粘在一起，可在土豆粉煮熟、捞出后用凉水过凉。

2＼ 海南产的黄辣椒酱是这道土豆粉味道的精髓，吃不了太辣食物的同学可以买香辣黄辣椒酱。

3＼ 我用浓汤宝代替高汤块，如果家里有高汤的话就可以把热水替换成高汤。

番茄肥牛热拌乌冬

肚子饿的时候，总想来一碗热腾腾的乌冬面！
这道番茄肥牛热拌乌冬是我的最爱，
食材、制作步骤简单，但味道绝对不比外面卖的乌冬面差。

用整个番茄熬的汤底营养又健康，再码上比外面量多好几倍的肥牛卷，
满满一碗可以吃到撑哦，来一碗吧！

食材

番茄	1个	橄榄油	适量	糖	5g
洋葱	半个	蒜末	适量	香菜	适量
肥牛	150g	黑胡椒碎	5g	白芝麻	适量
乌冬面	200g	生抽	20mL	盐	5g

步骤

1 在番茄表面划"十字"，浇上沸水，浸泡3分钟方便去皮。将番茄去皮、去蒂，切小块。

2 锅内倒入橄榄油，放入蒜末煸香，加入番茄块，加清水50mL，熬成番茄泥。熬的过程中可以不断地加一些水，以防熬干。

3 加入黑胡椒碎、盐、生抽，搅拌均匀后倒入碗中备用。

4 锅中倒入300mL清水煮沸，放入乌冬面，煮熟后捞出，与番茄汁搅拌均匀。

5 洋葱洗净、切丝，锅内倒油，放入洋葱丝煸香，加入热水20mL，加入10mL生抽、糖调味，放入肥牛煮熟。

6 在拌好的面上放上肥牛，放上香菜、撒上白芝麻就完成啦，开吃吧！

扫码观看视频

金银蛋炒饭

周末在家暖洋洋地晒着太阳，特别适合做一份暖洋洋的蛋炒饭吃！

用普通鸡蛋做出两份完全不同的蛋炒饭，

一份是传说中的每粒米饭都均匀裹满蛋液的黄金蛋炒饭，

另一份是鲜香四溢且胆固醇较低的无负担蛋白炒饭！

做出来的2款都超级好吃，根本不愿分享给别人（连老白也不行）。

剩下的蛋壳还能做属于自己的小花园，一点也不浪费！

扫码观看视频

黄金培根蛋炒饭

食材

鸡蛋	4个
培根	50g
米饭	250g
盐	1g
黑胡椒粉	2g

步骤

1 准备4个鸡蛋，将蛋黄和蛋清分离备用。

2 将蛋黄打散，倒入200g米饭与蛋黄均匀地搅拌在一起。

3 将培根切丁后放入锅中翻炒。

4 倒入与蛋液拌好的米饭，将米饭铲松。

5 加入盐、黑胡椒粉调味。

6 大火翻炒均匀，盛出后在小碗里压实。用薄荷叶和勺装饰一下，黄金培根蛋炒饭就完成啦，开吃吧！

Tips ✳

1\ 蛋从中间敲开，下面备个小碗。一左一右来回倒就能过滤掉蛋清，蛋黄就会留在蛋壳中。

2\ 炒饭一定要用凉透的米饭。先和蛋黄液拌匀，就能做出零失败的黄金蛋炒饭。

3\ 一定要把米饭铲松，米饭才会受热均匀，这样炒出来的才是每一粒米都被金灿灿蛋黄包裹的米饭。

4\ 将装有米饭的碗倒扣在碟子上，会使炒米饭看起来更美观。

白银瑶柱蛋炒饭

食材

瑶柱	20g	食用油	10mL
芦笋	2根	蚝油	5mL
米饭	250g	白胡椒粉	2g
盐	1g		

步骤

1 将瑶柱加入温水中泡发40分钟。将瑶柱捞出，沥干水分后撕成丝。

2 将2根芦笋切小片待用。

3 把做黄金培根蛋炒饭剩下的蛋清加入盐搅拌均匀待用。

4 锅内倒入食用油，加入瑶柱丝炒香。

5 加入芦笋片，炒熟后放入米饭铲松。

6 炒匀之后将米饭铲到锅的边缘，将蛋清倒入锅的中空部分翻炒。炒匀后加入盐、蚝油、白胡椒粉调味后盛入碗中。同样将盛有米饭的碗倒扣入盘中，白银瑶柱蛋炒饭就完成啦，开吃吧！

Tips ✳

1\ 瑶柱能让炒饭有淡淡的海鲜味。将瑶柱撕成丝能让鲜味裹在每粒炒饭里。

2\ 也可以用菜心或者秋葵代替芦笋。

3\ 炒瑶柱丝时，一定要用大火先炒出香味才好吃。

4\ 最后放入蛋清能使蛋的口感更嫩，也可以让蛋清均匀地裹在每一粒米饭上。

一只照烧鸡腿饭

有一段时间我每天都加班，晚饭只能靠点外卖，印象最深的就是有一天点的照烧鸡排饭，
有菜有饭、营养丰富，吃起来超满足，研究了一下发现做法还挺简单的。
这道照烧鸡腿饭，浓郁咸香的酱汁裹着多汁鲜嫩的鸡腿肉，
味道清甜，香气十足，口感嫩滑，配上热腾腾的白米饭，一口下去，幸福感满满的。

扫码观看视频

食材

鸡腿	1个
洋葱丝	10g
胡萝卜	1根
黑胡椒碎	2g
西蓝花	1个
味醂	适量
日式酱油	30mL
红糖	20g
盐	2g
食用油	适量
白芝麻	适量

步骤

1 鸡腿切开、剔除骨头，剪去脂肪，修整一下边缘。

2 用牙签在表面戳上小孔，让鸡腿更加入味。

3 在鸡腿正、反面撒上黑胡椒碎，放入食品袋中，放入洋葱丝、红糖、味醂、日式酱油，封口后放入冰箱冷藏1小时。

4 胡萝卜切块后，用模具切成小花的形状，西蓝花切小块备用。

5 锅内倒入清水、盐，放入蔬菜，煮熟后捞出。

6 盛一碗饭，码上刚刚煮好的蔬菜。

7 锅烧热后倒入食用油，放入腌制好的鸡腿，两面煎熟。

8 倒入腌鸡肉时用的酱汁，大火收汁。

9 盛出后切块，码在米饭上，淋上酱汁，撒上白芝麻，一只照烧鸡腿饭就做好啦，开吃吧！

南洋菠萝船炒饭

我和老白都挺喜欢东南亚菜的，尤其是这道南洋菠萝船炒饭，
每次去东南亚餐厅都会点，光看着就很诱人。
把炒饭装在菠萝里，五颜六色的看着心情都会好起来！
第一次吃到的时候觉得特别好吃！
自己做了才知道，原来这道炒饭制作起来这么简单！

鲜甜的大虾、酸甜的菠萝、混合蔬菜粒和火腿丁，炒饭的味道特别丰富。制作时，只要掌握
几个关键的制作步骤，怎么做都会很好吃。

用来招待客人或者哄小朋友都会大受欢迎！晒到朋友圈也绝对会惊艳你的朋友们。

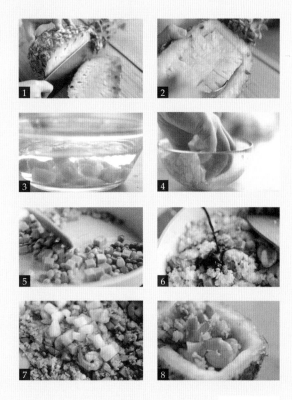

食材

菠萝	1个
虾	10个
火腿丁及蔬菜粒（青豆、玉米粒、胡萝卜丁）100g	
蒜末	2g
凉米饭	250g
盐	1g
蚝油	5mL
生抽	5mL
料酒	5mL

步骤

1 准备1个菠萝，在菠萝的三分之一处切开。

2 用刀将菠萝内侧划成长方形，在中间划小块，用勺挖出菠萝肉，让菠萝变成空的菠萝船。多余的菠萝汁也要一并倒出来，保证菠萝船里没有多余的汁水。

3 将菠萝肉切成小块，放入盐水中浸泡备用。

4 准备虾10个，去虾线、头、壳，放入盐、料酒抓拌均匀备用。

5 锅内倒入10mL食用油，放入蒜末炒出香味，放入蔬菜粒、火腿丁，大火炒熟，再放入虾仁炒至变色。

6 放入凉米饭翻炒，加入盐、蚝油、生抽调味，翻炒均匀。

7 关火，放入菠萝肉用余温翻炒均匀。

8 盛入菠萝船里，南洋菠萝船炒饭就完成啦，开吃吧！

扫码观看视频

Tips ✳

1\ 炒饭时，虾仁变色就可以放米饭啦，虾吃起来才嫩。饭要记得铲散后再调味，而且一定要用透凉的米饭，或者用隔夜饭才能炒出粒粒分开的口感。

2\ 制作整道菠萝炒饭最关键的步骤来了：千万不能在炒的过程中放菠萝肉，这样菠萝就会变软、变酸、不好吃。一定要在关火后再放，才能保留水果的香甜。

3\ 切菠萝时，切下三分之一即可，这样一份菠萝船炒饭才能装下更多的炒饭。如果想同时做两份，也可以对半切开。

4\ 挖菠萝肉时，注意不要挖穿菠萝皮，不然船就漏啦。

5\ 菠萝在食用前一定要用盐水浸泡，吃起来嘴才不会发涩。

6\ 可使用从超市买的混合蔬菜粒，有胡萝卜、玉米和青豆，做炒饭时候用特别方便。

麻麻辣辣干锅虾

有人问我："饿的时候最想吃什么？"
"必须是随便放什么都好吃的麻辣香锅啊！"

麻辣香锅的做法其实很简单！想做出和外面一样好吃的关键步骤就是：食材一定要先油炸！

经过高温炸过的食材外酥里嫩，和料炒过吃起来才会味道浓郁又清爽，吃一大份都不觉得腻！

掌握了这个秘诀，你就能做出特别棒的麻辣香锅啦！

用它招待家人和朋友也最棒了！

食材

素菜：		荤菜：		调料：			
莲藕	200g	虾	6只	姜	1个	白胡椒粉	1g
土豆	200g	香菇贡丸	3个	蒜	适量	麻辣香锅底料	80g
西芹	100g	亲亲肠	5根	干辣椒	适量	白砂糖	适量
金针菇	100g	方火腿	1块	洋葱	1个	生抽	5mL
莴苣	200g			料酒	10mL	白芝麻	适量
年糕	5块			盐	2g	香菜	适量

扫码观看视频

步骤

1 将素菜洗净、切片备用。

2 处理荤菜：将虾去除虾线后放入碗中，倒入料酒、盐、白胡椒粉抓拌均匀，腌制15分钟。

3 香菇贡丸对切成两半，亲亲肠底部切花刀，方火腿切成片。

4 锅中倒入食用油，大火加热至150℃，放入蔬菜，炸熟后捞出沥油。

5 再放入丸子类荤菜，炸熟后捞出沥油。

6 放入虾，炸熟后捞出沥油。

7 将所有食材下锅炸之后，开始炒料。准备香料：洋葱切块、蒜去皮、姜切片，将干辣椒剪成小块后去子。

8 锅中倒入食用油，放入香料炒出香味，放入麻辣香锅底料炒香。

9 放入素菜，翻炒均匀后再倒入荤菜和虾翻炒均匀。

10 倒入盐、白砂糖、生抽翻炒均匀，盛出装盘。

11 撒上白芝麻，放上香菜，麻麻辣辣干锅虾就做好啦，再配上一碗白米粉就能开吃啦！

Tips ✳

1 \ 挑虾线时，用牙签从虾背的第三个节穿进去，轻轻向外一挑就能将虾线去除。

2 \ 素菜可以替换成任意自己喜欢的食材。炸素菜时，炸至表面微微缩水即可。

3 \ 炸荤菜时，炸至表面略微金黄即可。

4 \ 腌制好的虾要用厨房纸巾吸干水分再放入油锅，否则热油会溅出。

5 \ 炒料时，要多放一些辣椒才会香，去子之后的辣椒辣度也会降低。

6 \ 麻辣香锅底料每个超市都能买到，推荐给厨房新手和懒人们。在郫县豆瓣酱中加入花椒、蚝油一同炒，味道也和麻辣香锅底料差不多。

7 \ 最后一步炒食材时，因为食材已经是熟的了，味道调好、翻炒均匀就可以出锅了，出锅时可以先尝尝味道，不够咸就再加些盐，不够鲜可以用糖和生抽提鲜。

电饭煲就搞定

电饭煲真的很适合用来做懒人料理，每次想吃米饭又不想炒菜的时候就非
常适合来一碗焖饭，一个电饭煲可以做各种好吃的焖饭呢！

教大家做4款我平日里最爱做的电饭煲焖饭，煮一锅饭的时间就全搞定！

非常适合平时工作比较忙又不善于做菜的同学，

上班的时候，要是吃腻了附近的外卖，不用将就，完全可以自己带饭，

学生党和在外面租房住的同学也完全可以做哒！

答应我，一定要好好吃饭！

扫码观看视频

好多腊肠饭

这道色香味俱全的腊肠焖饭，是我最常做的一款。一锅米饭配上腊肠、鸡蛋和自己喜欢的蔬菜，用调好的酱料拌一拌，简单又好吃的焖饭就做好啦，味道真的超级棒！

制作时间也非常短，蒸一锅饭的时间就能全搞定！非常适合平时工作比较忙又不太会做菜的同学。

食材

大米	280g
青菜	适量
腊肠	4根
鸡蛋	1个
蚝油	5mL
生抽	10mL
白砂糖	5g
香油	3mL
清水	5mL

步骤

1 大米洗净后倒入电饭煲中，按下"煮饭"键。

2 青菜洗净备用。

3 将腊肠均匀切片备用。

4 米饭蒸到一半时，打开电饭煲放入腊肠和青菜。打入鸡蛋，继续焖30分钟。

5 在等待饭熟的同时，调秘制酱汁。将蚝油、生抽、白砂糖、香油、清水倒入碗中，搅拌均匀。

6 打开煮好的米饭，浇入酱汁，搅拌均匀后盛出装碗，好多腊肠饭就做好啦，开吃吧！

扫码观看视频

Tips ✳

1\ 青菜也可以换成任何自己喜欢的蔬菜。

2\ 青菜可以提前焯水防止变黄。

扫码观看视频

不孤独的咖喱鸡肉饭

每次想吃咖喱饭时我都会觉得很麻烦，这个时候我就会做这道咖喱鸡肉焖饭。咖喱和鸡肉的香融进颗颗米粒中，吃起来嫩滑可口，美味又不失营养，家里的大朋友、小朋友都非常适合吃哦！

食材

鸡腿	3个
咖喱	40g
大米	280g
土豆	1个
胡萝卜（约150g）	1根
蒜末	5g
盐	2g
黑胡椒碎	1g

步骤

1 鸡腿切开、去骨，将鸡腿肉切成大小均匀的块。

2 将咖喱放入容器中，倒入热水融化。

3 倒入切好的鸡腿肉，放入蒜末搅拌均匀，腌制1小时。

4 将大米淘洗干净后倒入电饭煲，加入400mL清水。

5 将胡萝卜、土豆切块，倒入电饭煲中，加入腌制好的鸡腿肉和剩下的咖喱汁。

6 加入盐、黑胡椒碎。

7 按下"煮饭"键。

8 饭煮好后，盛出装碗，不孤独的咖喱鸡肉饭就做好啦，开吃吧！

Tips ✳

1\ 也可以选择鸡胸肉，不过鸡腿肉更嫩。

2\ 如果咖喱搅拌不开可以用隔水加热法化开，也可先将咖喱切成小块。

番茄牛腩饭

番茄炖牛腩的汁也太适合拌饭吃了！
这道番茄牛腩饭，制作的时候在电饭煲里就拌好了，直接就能吃。
跟着我的步骤做，保证你抱着电饭煲吃不肯撒手。

扫码观看视频

食材

牛腩	300g
大米	150g
姜	3片
料酒	15ml
番茄	2个
食用油	10g
八角	3个
桂皮	1段
香叶	2片
干辣椒	3个
大葱	2段
生抽	2汤匙
老抽	半汤匙
蚝油	1汤匙
番茄酱	2汤匙
白糖	1汤匙

步骤

1 锅里倒入清水，放入牛腩、姜片、料酒，烧开后撇去浮末将牛腩捞出。

2 番茄用热水浸泡片刻后去皮，切成小丁。

3 平底锅里放入食用油，放八角、桂皮、香叶、干辣椒、葱段，倒入牛腩炒出香味。

4 倒入番茄丁，炒出番茄汁。

5 将生抽、老抽、蚝油、番茄酱、白糖搅拌均匀做成酱汁。

6 倒进番茄牛腩里翻炒均匀，加入200ml清水，小火煮15分钟。

7 将大米淘洗干净后倒入电饭煲中，加适量水。将番茄牛腩倒入电饭煲中，按下"煮饭"键。

8 撒上葱花，趁热翻拌均匀，番茄牛腩焖饭就完成啦！

扫码观看视频

香菇排骨焖饭 ※

这道香菇排骨焖饭，超适合用来犒劳结束一天辛苦工作的你。焖好的饭混着肉香，粒粒分明，汁香饱满，裹着香喷喷的排骨，好吃、不腻还诱人，吃完后，瞬间就变得精气神满满！

食材

排骨	500g
干香菇	7个
姜	4片
葱花	适量
大米	150克
料酒	10mL
热水	200mL
生抽	10mL
老抽	5mL
白砂糖	5g
盐	2g

步骤

1 将排骨均匀切块。

2 将香菇用清水泡发后，稍稍挤干水分、切片。

3 锅内倒入1L清水，放入排骨、姜片、料酒。

4 大火烧开后，撇去浮沫，捞出备用。

5 锅内倒油，倒入排骨煎至两面金黄。

6 倒入200mL热水，加入生抽、老抽、白砂糖搅拌均匀。

7 倒入香菇片，加盖煮5分钟，开盖后加盐，大火收汁。

8 大米洗净倒入电饭煲，将煮好的排骨一同放入电饭煲内。

9 倒入泡发香菇的水，按下"煮饭"键。

10 开盖，盛出装碗，撒上葱花，香焖排骨焖饭就做好啦，开吃吧！

一人食米香鸡腿汤

也许你还在一个人吃饭吧？
在没有遇到对的人之前，一个人也要好好照顾自己，养好自己的胃。

试试这道米香鸡腿汤。
用滑嫩的鸡腿和味道鲜美的香菇炖出来的汤甘甜可口，加入脆甜的竹荪和酥脆的炒米，味道更香浓可口，荤素搭配，营养又美味，口感清爽。

看着锅里汤锅"嘟噜嘟噜"地冒泡，真的很治愈。

食材

大米	30g
米饭	1碗
鸡腿	1个
竹荪	1根
香菇	2个
青菜	4棵
姜	2片
枸杞子	10粒
葱结	2个
盐	适量

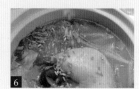

扫码观看视频

步骤

1 鸡腿冷水下锅，焯水后捞出备用。

2 在香菇表面刻"十"字形花，将竹荪在淡盐水中浸泡10分钟后，去掉菌盖头并清洗干净。

3 锅内倒入适量清水，加入香菇、枸杞子、姜、葱结，水开后转小火炖煮1小时。

4 将竹荪、青菜放入锅中，撒盐调味。

5 大米洗净、沥干后放入锅中炒至金黄色。

6 将炒米撒入汤中，一人食米香鸡腿汤就做好啦，再配上一碗热腾腾的米饭，开吃吧！

台风天的一人食

台风季的时候，台风一直没完没了，还一直在下暴雨，

整个人都闷闷的，心情也不太好。

何以解忧？唯有吃肉！

这3道台风天的一人食，步骤和食材都不复杂，在家就能轻松搞定，

一口下去，台风天的烦闷通通都不见啦！

台风天的三杯鸡翅

下面来教大家做既简单又好吃的三杯鸡翅，嫩嫩的鸡翅吸饱了浓浓酱汁，混合着麻油和米酒的香气，绝对是餐桌上最好吃的鸡翅！

要做出好吃的三杯鸡翅的秘密就在于三个调料的比例，其实很好记，米酒：香油：生抽的比例是2：1：1。

按照这样的比较调出来的酱汁，做出来的每一根鸡翅都好吃到连骨头都不剩！

吃完鸡翅，连糟糕的小情绪都被赶跑啦！

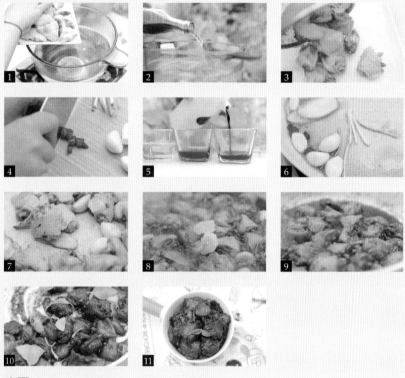

食材

鸡翅	10个
米酒	100mL
香油	50mL
生抽	50mL
料酒	5mL
姜	9片
小葱	适量
蒜	6瓣
罗勒叶	适量
冰糖	5g
小米辣	适量

步骤

1 将鸡翅对切成两半。锅中倒入500mL清水，放入鸡翅。

2 倒入料酒，放入3片姜，大火焯水。

3 撇去浮沫后捞出备用。

4 蒜去皮，小葱、小米辣切段备用。

5 准备三个小碗，分别倒入米酒、香油、生抽。

6 锅烧热后，倒入香油，放入葱段、姜片、蒜、辣椒圈炒香。

7 倒入鸡翅炒至表面金黄。

8 倒入米酒、生抽、冰糖。

9 炒匀后盖上锅盖小火煮15分钟，开盖大火收汁。

10 关火放入罗勒叶，用余温炒出香味。

11 盛出装盘，用罗勒叶装饰，台风天的三杯鸡翅就做好啦，开吃吧！

Tips ✳

1＼ 焯鸡翅时一定要用冷水下锅。

2＼ 根据鸡翅的多少可以增减调料用量。制作过程中不放一滴水，所以汤汁比较浓，记得经常开盖翻动防止粘锅。

3＼ 冰糖可用来提鲜的，加了会更好吃，不会发甜。

4＼ 罗勒的香味是这道三杯鸡的精髓。

台风天的卤肉饭

超喜欢吃浇着满满卤肉的卤肉饭，热腾腾的白米饭上铺着满满软而不烂的卤肉和香浓的汤汁，有肉、有菜还冒着热气……
之前点过很多外卖，基本上卤肉都好少，还不是我想要的味道，干脆自己动手做吧！

教大家做的这款卤肉饭，步骤和食材都不复杂，在家就能轻松搞定，五花肉肥肉相间，入口即化，浓郁的肉汁浸入米饭中，既能治愈你烦闷的心情还能满足你的胃。

扫码观看视频

食材

大米	200g
五花肉	300g
洋葱	200g
香菇	3个
姜	3片
葱结	1个
八角	2个
水煮蛋	1个
青菜	3棵
黑芝麻	适量
食用油	100mL
生抽	10mL
老抽	5mL
料理米酒	10mL
冰糖	30g
热水	1L

步骤

1 将大米淘洗干净，放入电饭煲选择"煮饭"模式。

2 将洋葱、五花肉、香菇均匀切丁，装盘备用。

3 锅内倒入食用油，放入洋葱丁，小火炸至酥脆，捞出备用。

4 倒出多余的油，留一些油在锅里炒五花肉用，放入五花肉丁炒香，放入姜片，炒至五花肉表面金黄。

5 放入香菇丁、洋葱酥翻炒，再倒入生抽、老抽、料理米酒、冰糖、八角翻炒均匀。

6 倒入热水、葱结、水煮蛋，转小火加盖焖煮40分钟，其间给鸡蛋翻个面。

7 开盖，大火收汁，夹出葱结、香料，如果味道不够咸可以加一些盐。

8 盛1碗米饭倒扣在盘中，装饰一些黑芝麻，浇上卤肉，烫一些青菜放在旁边，将煮好的卤蛋对半切开，放入盘中，台风天的卤肉饭就做好啦，开吃吧！

台风天的酸辣凉面

讨厌又闷又热的天气，不如来吃一口酸辣凉面吧，配上冰凉的汽水，简直不能再舒坦了！
随便找出一把面条，过冰水拌上香油。再调一碗热油浇过的酸辣汁，码上鸡丝和黄瓜丝，
一碗酸辣凉面就诞生了！吸一口凉面，所有闷热都消散了，再喝一口汽水，简直不能再舒
坦了！

「厨娘
物语
BeautyCafe」

扫码观看视频

食材

清水	500mL
挂面	1把
香油	5mL
鸡胸肉	250g
姜	3片
料酒	10mL
酸辣汁：	
辣椒面	1茶匙
蒜末	1茶匙
葱花	1茶匙
热油	20mL
生抽	2茶匙
醋	3茶匙
蚝油	5g
盐	1g
白芝麻	2g
黄瓜丝	适量
花生	适量
香菜	适量

步骤

1 锅里倒入500mL清水，煮沸后放入挂面。

2 面条煮熟后，捞出，过冰水后沥干水分。

3 在面条里倒入香油，搅拌均匀，放置一旁备用。

4 另起一锅，倒入清水，加入鸡胸肉、姜、料酒，中火煮15分钟。

5 煮熟后捞出，将鸡胸肉撕成条状备用。

6 调酸辣汁：碗里加辣椒面、蒜末、葱花，浇上热油。

7 倒入生抽、醋、蚝油、盐、白芝麻搅拌均匀。

8 将凉面盛入盘中，码入黄瓜丝和鸡胸肉丝。

9 浇上调好的酸辣汁，撒上花生和香菜，酸辣鸡丝凉面就做好啦，开吃吧！

Tips ✳

面条过凉水后吃起来会更有嚼劲。

04

第四章

✳

厨娘日记

Kitchen Diary

Kitchen Diary

厨娘日记

Kitchen Diary

爱的彩虹蛋糕

我第一次给老白做的生日蛋糕，也是我做的第一个甜品，虽然做得很粗糙也不好看，但老白说是他吃过全世界最好吃的蛋糕。

其实给爱的人做蛋糕真的是件很幸福的事情。
很多人都说"做蛋糕太难了"，千层蛋糕做法非常简单，制作时连烤箱都不用，一个煎锅就搞定啦！再把它们一张一张堆起来，就是千层蛋糕啦！
把饼皮调成不同的颜色，堆在一起就是一道彩虹啦！
只需要一点点耐心，就能做出全世界最好的蛋糕。

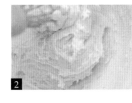

扫码观看视频

食材

可丽饼：

低筋面粉	250g
化黄油	55g
牛奶	500mL
鸡蛋	4 个
白砂糖	40g
盐	2g
各色色素	适量

奶油：

淡奶油	500mL
白砂糖	30g
装饰物	适量

步骤

1 准备一个比较大的碗，将低筋面粉筛入碗中，放入白砂糖、盐混合均匀。

2 打入鸡蛋、加入化黄油，用力、慢慢地把所有材料搅拌均匀。

3 分三次倒入牛奶，把面糊搅拌均匀。

4 将面糊过滤到6个杯中，分别在每个杯中滴入各色色素，搅拌均匀。

5 在冷锅中倒入适量面糊，均匀地摊成一个圆。开小火将面糊慢慢煎熟。

6 等到不烫手时取出放在一边冷却。每个颜色的面糊可以在24cm的锅上摊出4张饼皮。

7 取一个圆形的碗倒扣在饼皮上，用刀到沿着碗边缘去掉多余的饼皮。依次将饼皮放入盘中备用。

8 打发淡奶油。将白砂糖倒入淡奶油中，用打蛋器打发。

9 接下来就是最好玩的组装蛋糕时间啦！从紫色饼皮开始，在每一层饼皮上都铺满淡奶油。每种颜色铺四层。

10 按照紫色、蓝色、绿色、黄色、橘色、红色的顺序依次将饼皮铺好。随意装饰一些彩旗，插一些装饰物就完成啦！蛋糕做好了，许个愿开吃吧！

Tips ✳

1/ 向面糊中加入牛奶时，每次加牛奶前，碗里的面糊都要搅拌均匀，这样会使结块变少。

2/ 步骤 4 中过滤的步骤不能少，过滤可去除面糊里没有打匀的小粉块，如果没有这一步饼皮就会有小疙瘩。

3/ 摊饼皮时，要按照（冷锅—铺满—开小火—煎熟—降温—取出）的步骤。

4/ 摊饼皮前，先不要开火，让倒下来的面糊自然形成圆形，轻微摇晃锅让面糊铺满整个锅面，这样饼皮才会光滑。

5/ 饼皮全熟之后，颜色会变深。关火，把锅放在一块湿毛巾上冷却（湿毛巾可以起到降温的作用，防止饼皮因为锅内余温变焦，并能很好地控制饼皮的颜色和熟度）。

扫码观看视频

爱的康乃馨曲奇

相传圣母玛利亚看到耶稣受到苦难留下伤心的泪水，眼泪掉下来的地方就长出了康乃馨。因此康乃馨成为不朽母爱的象征。

母亲节最适合就是送康乃馨啦！这道永远不会凋谢、还可以吃的康乃馨曲奇，用白豆沙加上蔬果粉调色很健康，非常适合送给妈妈和长辈们！

用裱花嘴挤成康乃馨的形状，满满都是心意在里面。

我也是第一次摸索着做的，多做几次就会越来越好，满满成就感呢！

这款花朵曲奇不光适合在母亲节送给妈妈，给喜欢的姐妹或者平时生日也是很好的一份礼物。

妈妈在身边直接送到她嘴里吧！如果想和我一样做成礼物的话就把曲奇装进盒子里，写上喜欢的话并包好。

带有浓浓爱意的康乃馨曲奇，收到的人一定能感受到你的用心哦！

食材

杏仁粉	40g
蛋黄	1个
白豆沙	500g
牛奶	40mL
火龙果粉	10g
菠菜粉	3g
图钉	1个
烘焙油纸	1段

步骤

1 将杏仁粉过筛，加入蛋黄，倒入30mL牛奶搅均匀。

2 加入白豆沙搅拌均匀，分成两份备用，大份的用来做花，小份的用来做叶子。

3 将菠菜粉和火龙果粉用10mL牛奶冲开，分别加入豆沙搅拌均匀，再把2份豆沙分装进裱花袋里，套上裱花嘴。

4 取一段烘焙油纸，剪成方形。

5 接下来就是裱花时间啦！把烘焙纸用少量豆沙粘在图钉上，先挤一个花柱（反复挤"z"字形），周围再挤一圈。

6 将裱花嘴翻转方向，尖端朝上宽端朝下，挤出"s"形，形成花芯。

7 在空白处继续操作，慢慢向外侧挤满，直至形成花朵大小时，开始加叶子。按如图所示操作，边挤边向里推，就会有一节节的叶子模样啦。

8 小心翼翼地把饼干坯带着油纸取下来，用锡纸包住，送进提前预热至150℃的烤箱。

9 烤40分钟，取出后放凉，去掉油纸，烤完摸摸花瓣和底部，如果都变硬，就表示烤熟啦！

Tips ✳

1/ 牛奶的使用量可以根据白豆沙干湿程度调节，使用干白豆沙可以将牛奶的使用量调整为50mL。

2/ 如果觉得豆沙太干可以再适量加点牛奶调节，能用力搅动即可，太湿的豆沙挤出来不易成形。

3/ 裱花时，不用刻意去记方向，只要记住裱花嘴尖的一侧挤出来是薄的，能形成一片花瓣的形状即可。

4/ 花芯和花瓣的挤法都是一样的。花芯部分挤得紧凑点，外侧的花瓣可以略疏些。

5/ 将饼干坯放入烤箱时，手托着油纸就可以，千万不要碰到花。另外，花瓣太薄容易烤焦，包住锡纸才能保留住美美的颜色。

爱的星球蛋糕

老白是个科幻迷，从小看"科幻世界"长大，每部科幻片都不落下。

好巧，我对科幻完全不感兴趣。

哈哈虽然他讲的很多东西我都听不懂，但我知道，他有个想去宇宙探险的小梦想。

听起来不切实际，但我想帮他实现。

生日的时候，就给他做颗专属"星球"吧，陪他一起宇宙"探险"。

嘿嘿，希望大家都能找到，属于你们的那颗爱的星球。

巧克力星球壳

食材

白巧克力	300g
粉色色素	2滴
紫色色素	3滴
蓝色色素	6滴
星球模具	1个
星球环模具	1个

步骤

1 将200g白巧克力用隔水加热法化开，分成重量分别为25g、25g、150g的三份。

2 在两份25g重的巧克力液中分别加入2滴粉色色素和3滴紫色色素，在150g重的巧克力液中加入6滴蓝色色素。搅拌均匀待用。

3 准备直径为13.6cm的星球模具壳，先刷上粉色的巧克力液，然后刷上紫色的巧克力液，放置待干。

4 倒入蓝色的巧克力液，旋转模具使巧克力液均匀铺满，多余的部分可以倒回碗里，待第一层蓝色巧克力干了之后再涂一层，放入冰箱冷冻2小时。

5 准备星球环模具，倒入融化好的白色巧克力液，放入冰箱冷冻。

扫码观看视频

Tips ✳

1/ 巧克力的使用量可根据做的星球大小和厚度来调整，装巧克力的小碗底下要用热水保温。

2/ 巧克力液不用刷得太满，大家可以自由发挥。

3/ 不能使用热的蓝色巧克力液，否则会融化模具中的粉色和紫色巧克力。太薄的巧克力脱模的时候容易开裂，所以需将巧克力液厚涂。

4/ 星球杯环模具的直径要比星球模具直径略大。

蛋糕坯

食材

鸡蛋	1个	奥利奥饼干碎	适量
细砂糖	25g	装饰物（火箭、星星图案）	适量
牛奶	5g	石头巧克力	适量
黄油	5g	银色糖珠	适量
低筋面粉	35g	可食用银色星星闪片	适量
淡奶油	300mL		

步骤

1 将鸡蛋打入碗中，加入25g细砂糖打发至浓稠，筛入低筋面粉，粗略翻拌后加入牛奶、化黄油翻拌均匀，倒入模具震出气泡，放入预热至180℃的烤箱烤15分钟，取出脱模，切半备用。

2 把星球底托固定在蛋糕盒底上，从冰箱取出星球巧克力，脱模后放在底托上，先在底部挤满淡奶油，放上蛋糕片，再填满淡奶油，均匀抹平。

3 根据个人喜好来装饰进行，老白一直有个"勘探梦"所以我选择用宇航员的造型来装饰星球蛋糕：用奥利奥饼干碎当作土堆，再放上石头巧克力和一些火箭装饰，插上两个星星插牌，装饰一些银色糖珠。

4 盖上另外一半星球巧克力，用蓝色巧克力黏合在一起，取出星球环放在星球上，装饰一些可食用银色星星闪片。

5 在蛋糕盒底装饰一些小飞机和插牌，撒上一些石头糖，为防止装饰物掉落，可在底部挤上一些巧克力将装饰物粘在蛋糕盒上，爱的星球蛋糕就做好啦，开吃吧！

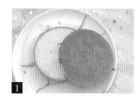

爱的告白饼干

我和老白曾经在一家餐厅吃到一种小饼干，掰开后就会发现里面藏着写有祝福语的小纸条。

这种饼干叫作签语饼。我觉得这种饼干既有心意又很浪漫，制作起来也很简单，特别适合在情人节的时候用来告白。悄悄地把告白语藏在亲手做的饼干里，微笑着送给喜欢的人。
打开就是甜蜜的小惊喜！再一人一半吃掉它，连空气里都是甜甜的味道。

偶尔冒出的小惊喜，才是爱情的保鲜剂嘛！
单身的朋友也别心急，一定会在最好的时候遇见最好的那个他（她）。

食材

鸡蛋	1个	白砂糖	20g
低筋面粉	30g	清水	5mL
小麦淀粉	5g	柠檬汁	5~6滴
化黄油	15g		

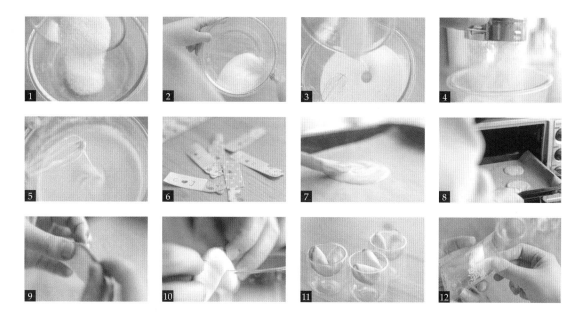

步骤

1 将鸡蛋蛋清、蛋黄分离在蛋清中滴入5~6滴柠檬汁去腥，加入20g白砂糖。

2 用打蛋器打发蛋清至出现白色的小泡泡。

3 加入15g化黄油，搅拌均匀。

4 将低筋面粉和小麦淀粉筛入蛋清中，搅拌至无颗粒。

5 加入5mL清水，搅拌至顺滑。

6 接下来就是写小秘密的时候啦，选你喜欢的小便签或者小纸条，写下你想告白的话。

7 烤盘上铺上烘焙纸，取一茶匙面糊滴在烘焙纸上，再用勺背轻推成圆形。

8 依次做好2~3个圆面糊，就可以放入预热至160℃的烤箱。

9 烤至边缘金黄即可取出。把纸条放在饼干的中间，再对折。

10 取一个杯子，握住饼干的边缘，在半圆的位置压弯，放入一个大小合适的容器里定形。

11 做好的饼干等它们完全冷却下来，就会变得很脆啦！

12 装进自己喜欢的包装袋里，就完成啦，快拿去给喜欢的人吧！

Tips ✳

1/ 蛋从中间敲开，左、右倒蛋黄就能将蛋清和蛋黄分离。

2/ 打发蛋清时，不需要打发成蛋白霜那样，只需要手动打蛋器打发片刻即可。

3/ 把黄油放入微波炉里加热30秒就会化开。

4/ 可以把写的纸条包在面糊上，圆的直径一定要大过纸条的长度，到时候做好的饼干才能把纸条藏住。

5/ 饼干要趁热才能做出造型，一次最多做3个，不然饼干凉了、变硬了就包不住纸条了。

6/ 一定要趁热取出，会有些烫手，怕烫的同学可以戴着手套操作。

7/ 一定要完全冷却了再装，不然袋子会有水汽，饼干容易受潮就不好吃了。

扫码观看视频

奶奶的碱水粽

如今的粽子，口味真的太多了，
吃过那么多，我最怀念的还是奶奶包的碱水粽。

以前每年快到端午节的时候，奶奶就会包粽子送来家里，有带红豆的甜粽、有带蛋黄和肉的咸粽还有什么馅料都没有的碱水粽，用不同颜色的线扎好，满满一大袋，连冰箱都塞不下。我就爱吃碱水粽，蘸着白砂糖我一口气能吃好几个！

后来，奶奶由于年纪大的原因，味觉开始退化。她嫌自己包的粽子不好吃，但每年还是会包碱水粽送来，知道我胃不好还特地为我包了小小的碱水粽。再后来，奶奶就走了，我就再也吃不到碱水粽了。
现在，我学会了包碱水粽，奶奶应该能看见吧。

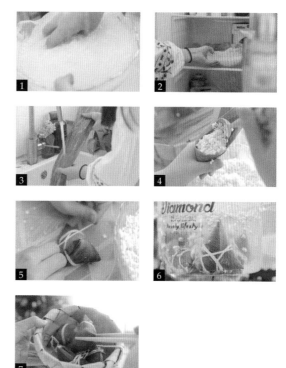

食材

糯米	500g
食用碱	4g
新鲜粽叶	适量
白砂糖	适量

步骤

1 将糯米倒入碗中，用清水洗净。

2 加入食用碱，与糯米搅拌均匀，放入冰箱冷藏一夜。

3 将新鲜粽叶洗净，修剪去尾。

4 将两片粽叶卷成漏斗状后填满糯米，将粽叶向下折叠，沿边卷起。

5 用棉绳将粽子扎紧。

6 锅内倒入1L水，放入粽子，用中火煮2小时，煮至软糯。

7 将粽子捞出，沥干水分，撒上白砂糖，碱水粽就做好啦，开吃吧！

Tips ✳

1\ 将粽叶先煮一下会更加好包。

2\ 煮粽子时，水始终要没过粽子，煮的过程中可以加几次水。

3\ 根据粽子的大小要适当调整时间，我包的粽子很小所以煮2小时就够了，正常大小的粽子需要煮4小时左右，也可以放入高压锅内煮。

扫码观看视频

青瓷美龄粥

这道我特别爱的美龄粥，其实默默地在心里藏了很久啦。

一直想找个合适的时机拍给你们看。

相传，当年宋美龄因为茶饭不思，府上的大厨专门为她做了一碗粥：用豆浆和山药泥代替普通的水熬出来的粥，格外的清香。宋美龄喝了之后胃口大开。后来流传于民间，就被称之为"美龄粥"。

但我觉得，叫它"美龄粥"不单单因为因宋美龄钟爱而得名，而是真的可以"美龄"呢！

豆浆可以补充植物蛋白、清血脂、降血压。豆浆中含的大豆异黄酮、大豆蛋白和卵磷脂都是天然的雌激素补充剂，能调节内分泌、延缓衰老、保持年轻活力。

山药作为药、食两用的食材，可补中益气、健脾养胃。它含有的胆碱和卵磷脂还能强身健体、延缓衰老，给妈妈们喝，真的最合适不过了。

所以，在母亲节快到的时候，做给妈妈喝真的最合适不过了！

祝天下的妈妈们，永远年轻！

食材

糯米	60g
粳米（圆大米）	10g
山药	100g
黄豆	45g
水	200mL
冰糖	45g
干玫瑰花瓣	适量

步骤

1 将糯米、粳米、黄豆提前用清水浸泡4~5小时。

2 将黄豆放入豆浆机打磨出豆浆。

3 将豆浆过滤出豆渣，豆浆留下备用。

4 山药去皮、切段后蒸熟。

5 将山药压成泥。

6 锅内倒入豆浆，加入清水，大火煮开。

7 放入糯米和粳米，中火煮开。

8 放入山药泥转小火慢熬45分钟左右。

9 放入冰糖调味。

10 倒入碗中，撒上干玫瑰花瓣点缀，青瓷美龄粥就完成啦！

Tips ✳

1\ 用铁棍山药做成的山药泥更绵软。

2\ 熬粥时要不时地顺时针搅拌，会让粥更容易稠，也能防止糊底。

3\ 可根据自己的喜好适量添加或减少冰糖的使用量。

甜心圣诞饼干

一直都觉得圣诞节是个非常温暖的节日。
每年我都拍圣诞主题的节目，和你们一起过圣诞节，
满满的回忆，想起来心里都甜甜的。

这款比回忆还甜的圣诞糖霜饼干，有胖乎乎的小手套和小袜子、
有可爱的圣诞树和小雪花造型，还有很特别的透明水晶球！
很多人都说糖霜饼干很难做，但是我第一次做就成功了，只
有一个颜色，很容易操作，吃起来很香，太适合用来送人了。
老白收到都吓一跳，说是他见过最好看的饼干。
推荐你们做了送给爱的人，他（她）一定会感受到你的心意哒！
不知道有没有人和你一起过圣诞节，但每年我都会在！

饼干

食材

化黄油	60g
糖粉	45g
鸡蛋液	20g
低筋面粉	115g
香草精	3滴
薄荷硬糖	适量

步骤

1 碗内倒入化黄油、糖粉搅拌至无粉末，再用电动打蛋器打发至白，加入鸡蛋液、香草精搅拌均匀，筛入低筋面粉搅拌至无粉末后揉成面团。

2 用食品袋将面团封好，放入冰箱里冷藏2小时，取出后将面团擀平，用模具切出自己喜欢的形状。将饼干坯放入烤盘中。

3 将圆盖子扣在饼干上，取出中间部分。将薄荷硬糖敲碎，填入中空部分，并将饼干做成镂空状。

4 放入预热至180℃的烤箱烤15分钟，烤好后透凉备用。

Tips ✳

不建议使用普通的白砂糖和冰糖。也可以使用其他颜色的水果糖，或在糖中加入色素。

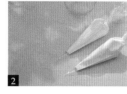

扫码观看视频

糖霜

食材

蛋白粉	7.5g
糖粉	230g
柠檬汁	适量
蓝色色素	适量
绿色色素	适量
薄荷糖	适量
温水	35g
白色糖珠	适量
银色糖珠	适量

步骤

1 将蛋白粉倒入碗中，加入温水搅拌均匀。筛入糖粉搅拌均匀，用电动打蛋器低速打发10分钟左右。

2 将糖霜分成2份，在1份中滴入1滴蓝色色素和1滴绿色色素，加入5滴清水搅拌均匀，调成蒂芙尼蓝糖霜。在另1份中加入清水搅拌均匀调成白色糖霜。将调好的糖霜分别装入裱花袋，用封口夹密封，剪出小口。

3 取圣诞树造型饼干，用蓝色糖霜描边后全部填充，趁没干时粘上白色的糖珠装饰。

4 取雪花造型饼干，用蓝色糖霜描边后全部填充，等晾干后再用白色糖霜画出雪花的样子，中间装饰银色糖珠。

5 取水晶球造型饼干，用蓝色糖霜勾出水晶球的边，再用白色糖霜填充底座等，晾干后，用白色糖霜点出小雪花，在底部描出积雪。剩下的糖霜我加了绿色色素调成了绿色的糖霜画出圣诞树，最后用蓝色的糖霜画出蝴蝶结装饰。

6 取手套造型饼干，用蓝色糖霜填充后，趁没干滴几滴白色糖霜，用竹扦画出星星的图案，手套收口处用白色糖霜填充。

7 取袜子造型饼干：用蓝色和白色糖霜把整个饼干填充好，晾干后再用白色糖霜画出波浪形花纹，用白色糖珠和银色糖珠装饰，甜心蓝圣诞饼干就做好啦，开吃吧！

Tips ✳

1\ 打发蛋白粉时，提起打蛋器时形成弯钩并且弯钩不会掉落。

2\ 向糖霜中滴入清水时，清水要一点点地加，直到糖霜滴落后十秒后消失即可。

米奇杯子蛋糕

和好闺密一起去迪士尼玩的时候，除了各种玩，我还发现乐园里有好多米奇主题的食物，这些食物的造型都非常可爱。吃到那些充满童趣的食物，真的会让人变得很开心。教大家做一款欢乐米奇杯子蛋糕。

香浓的布朗尼加上顺滑的奶油，最适合假期的氛围了。
烤出来的蛋糕真的超级香！连不爱吃甜品的老白都一口气连吃了 3 个，
他说："如果迪士尼卖这款蛋糕，销量一定会超火爆！"

我相信大朋友、小朋友一定都会喜欢这款蛋糕，而且就算是烘焙新手完全不用担心，做法非常简单，不需要复杂的打发、翻拌技巧，将所有材料混合就能做出松软的杯子蛋糕。也不需要绘画功底，用奥利奥饼干就能拼出可爱的米奇脑袋，一定要试试！

食材

巧克力	100g
黄油	30g
鸡蛋	2个
低筋面粉	30g
泡打粉	1g
白砂糖	40g
盐	1g
淡奶油	200mL
糖珠	适量
插片	适量
奥利奥饼干	适量
迷你奥利奥饼干	适量

步骤

1 先来做巧克力酱：将巧克力和黄油放入小碗中，用隔水加热法化开，放置一边待用。

2 准备一个较大的碗，打入鸡蛋，加入30g白砂糖，打散后，倒入巧克力黄油溶液，搅拌均匀，巧克力味的鸡蛋液就做好啦！

3 筛入低筋面粉和泡打粉，加入盐。

4 翻拌均匀至无颗粒，倒入纸杯中。

5 放入预热至180℃的烤箱烤15分钟即可。

6 烤蛋糕时同步打发淡奶油：向淡奶油加入10g白砂糖，用电动打蛋器打发至有纹路。

7 在裱花袋上套上裱花嘴，装入淡奶油，在蛋糕上挤出形状。

8 用奥利奥饼干做装饰。用奥利奥饼干和迷你奥利奥饼干就可以做出一个米奇头，加上蝴蝶结就能做成米妮的头像。在空白处撒上漂亮的糖珠和插片，米奇杯子蛋糕就做好啦，开吃吧！

扫码观看视频

Tips ✳

1\ 步骤3中，面粉、泡打粉都是干性食材，一定要在最后添加，这样面糊才不容易结块。适量的加入盐可与甜味形成鲜明的对比，会更加突出甜味，也会增加蛋糕的层次感。

2\ 烘烤后的蛋糕体积会变大，在后续步骤中还要向杯中加入奶油，在将蛋糕液倒入纸杯中时，倒至三分之二处即可。

3\ 可根据个人口味调节白砂糖的使用量。

一道彩虹吐司

热腾腾的芝心彩虹吐司，轻轻掰开能看见一道漂亮的彩虹。

这么令人惊艳的食物，我自己研究了一下，其实做法超简单！
只要用食用色素把芝士调成不同颜色，放在吐司里烤一烤
就好了。

刷了黄油和蜂蜜的吐司烤得香香脆脆的，里面还夹着厚厚
的芝士，一口下去超满足。
送自己和爱的人一道彩虹吧！

食材

吐司	2片
化黄油	10g
蜂蜜	10mL
马苏里拉芝士	100g
红、橙、黄、绿、 蓝可食用色素	各适量

步骤

1 将马苏里拉芝士平分成5份，每份20g，分别滴入
可食用色素各3滴。搅拌均匀备用。

2 将调色后的马苏里拉芝士按照顺序排列在吐司上。

3 在另一片吐司上均匀地抹上化黄油和蜂蜜后，将
2片吐司合在一起。

4 放入预热至烤箱180℃的烤箱烤10分钟。将吐司
两面切开（不要将中间的芝士切断），一道彩虹吐
司就做好了，开吃吧！

扫码观看视频

思念寄秋葵

这道思念寄秋葵，送给我亲爱的大伯。
虽然你离开了我的生活，但却教会我如何生活。

第一次知道秋葵，还是几年前在大伯家吃到的。
他告诉我，秋葵对身体好，还让我多吃点。
做法很简单，热水汆熟，再浇上调好的酱汁，能最大程度地保留秋葵的营养成分。
就像长辈的爱，虽然简单，却是最好的。
虽然你离开了我的生活，但却教会我如何生活。

食材

秋葵	500 克
食用油	适量
冰块	适量
大蒜	适量
小米椒	适量
调味料（生抽、蚝油、麻油、盐、糖）	各适量

步骤

1 将秋葵洗净，揉搓掉上面的绒毛，切除根部的蒂。

2 烧一锅水，放入几滴食用油，放少许盐，水烧开后，放入秋葵。轻轻搅拌，汆烫2分钟左右。

3 倒一碗饮用水，加入若干冰块，把秋葵放进冰水中，冰镇片刻。

4 夹出秋葵，用厨房纸巾吸干多余水分，对切成两半后摆盘。

5 小米椒切圈、大蒜切末，放进小碗内，加入调味料，加入适量开水调匀，把酱汁浇在秋葵上，思念寄秋葵就完成啦，开吃吧！

扫码观看视频

春游盒子蛋糕

既然出门玩，好吃的必须得带上呀！

教大家4款刷爆朋友圈的蛋糕盒子吧！

豆乳蛋糕盒子、草莓蛋糕盒子、

抹茶蛋糕盒子、奥利奥蛋糕盒子都是最经典的盒子蛋糕。

再也不用羡慕晒吃蛋糕盒子的人了！

说出来你们可能不信，价格很贵的蛋糕盒子其实做起来特别简单！

只要一个盒子，依次摆上蛋糕片和奶油就好了！

不需要任何裱花技巧，做出来就特别好看！

做好带出门吃或者送朋友都是很好的选择。

扫码观看视频

蛋糕坯

食材

鸡蛋	4 个
低筋面粉	40g
牛奶	40g
食用油	40g
白砂糖	40g
盒子蛋糕模具	1 个

步骤

1 碗中倒入牛奶、食用油、10g白砂糖、4个蛋黄搅拌均匀，筛入低筋面粉搅拌均匀待用。

2 将4个蛋清打发至粗泡，加入30g白砂糖，继续打发至湿性发泡。

3 先取三分之一蛋清加入蛋黄糊中翻拌均匀，再倒入剩余蛋白翻拌均匀，不要用力搅拌，轻轻翻拌就好，避免消泡。

4 在烤盘上铺上油纸，倒入面糊，轻轻震几下震出气泡，放入预热至170℃的烤箱，烤15分钟。

5 烤好后取出待凉，用盒子蛋糕模具按出蛋糕片备用。

6 制作蛋糕盒子时要用的蛋糕坯就做好啦！

Tips ✳

打发蛋清时，白砂糖要分次加入，打发到提起打蛋器时，尖端的蛋白能形成小弯钩即可。

豆乳蛋糕盒子

食材

黄豆	45g	低筋面粉	30g
清水	600mL	奶油奶酪	100g
蛋黄	2个	淡奶油	适量
白砂糖	30g	黄豆粉	适量

步骤

1 黄豆洗净后放入豆浆机，倒入清水。豆浆做好后，将豆浆倒出、过滤待用。

2 在蛋黄中加入白砂糖搅拌至融化。筛入低筋面粉搅拌均匀，一边搅拌一边加入200mL豆浆，搅拌均匀。

3 倒入奶锅中，用小火加热至黏稠。

4 加入软化的奶油奶酪，搅拌均匀，即为豆乳卡仕达酱，放入裱花袋中，剪口待用。

5 盒子中放入一片蛋糕，挤上一层豆乳卡仕达酱，再放一片蛋糕，挤上一层淡奶油。

6 放入蛋糕片，挤上圆圆的卡仕达酱，撒上黄豆粉，豆乳蛋糕盒子就做好啦，开吃吧！

Tips ✳

一定要用小火一直搅拌，这样豆乳卡仕达酱会容易变稠。

抹茶蛋糕盒子

食材

蛋糕	3 片
淡奶油	200mL
白砂糖	20g
抹茶粉	5g

步骤

1 在淡奶油中加入抹茶粉、白砂糖，完全打发。

2 装入裱花袋中，剪一个小口。

3 盒子中放入一片蛋糕，挤上一层抹茶奶油。

4 用同样的方法进行操作直至盒子基本装满，在最上面一层挤上圆圆的奶油，撒上抹茶粉，抹茶蛋糕盒子就做好啦，开吃吧！

Tips ✳

1\ 打发淡奶油时，将打蛋器开到中速，打发到出现明显的纹路，不会流动即可。不同品牌的奶油打发的时间会有所不同。

2\ 挤圆形的奶油时可以不用裱花嘴，用裱花袋直接剪出一个小口，这样挤出的奶油造型就会很可爱。

草莓蛋糕盒子

步骤

1 草莓去蒂、切小块备用。

2 盒子中放入一片蛋糕，挤上一层淡奶油。

3 用同样的方法操作直至将盒子基本装满，在最上面一层挤上薄薄的淡奶油，撒上草莓丁，草莓蛋糕盒子就做好啦，开吃吧！

食材

蛋糕	4 片
草莓	8 个
淡奶油	适量

奥利奥蛋糕盒子

步骤

1 将奥利奥饼干中间的奶油夹心刮除，放入食品袋中，用小木槌敲成粉末。

2 在盒子中放入一片蛋糕，挤上一层奶油，撒上奥利奥饼干碎。

3 用同样的方法将盒子基本装满，在最上面一层四周挤上奶油，制作最上面的花纹时可以用自己喜欢的裱花嘴。

4 在中间撒上奥利奥饼干碎，装饰1片薄荷叶，奥利奥蛋糕盒子就做好啦，开吃吧！

食材

蛋糕	4 片
奥利奥饼干	5 片
淡奶油	适量
薄荷叶	1 片

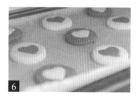

七夕爱心饼干

七夕的时候，全世界都会散出恋爱的味道！

教大家做个好看又好吃的"七夕爱心饼干"。

我选的材料比较常见，做法也不复杂，只要有烤箱就能成功哦！

再花点小心思，为每块饼干嵌入一颗小爱心，就能让普通的黄油饼干立刻变得美好起来！

还有互换心意的寓意哟！

相信收到饼干的那个人，也能感受到你藏在饼干里的小心意！

食材

低筋面粉	210g
黄油	100g
糖粉	50g
鸡蛋	1个
红曲粉	5g

步骤

1 将黄油室温软化后加入糖粉，再加入鸡蛋液搅拌均匀。

2 筛入低筋面粉，揉成光滑的面团。

3 将面团平均分成两份，在将其中一份中加入红曲粉揉匀。将两份面团揉成圆柱形，包上保鲜膜。

4 放入冰箱冷冻，半小时后拿出切片。

5 用模具按出爱心的形状。分别将爱心状的饼干片按入另一种颜色的饼干坯中。

6 放入预热至165℃的烤箱中，上、下火烤15分钟。烤好后取出放至冷却，七夕爱心饼干就完成啦！

扫码观看视频

寻梦亡灵面包

"寻梦环游记"这部动画片对我来说挺有意义的。看完这部电影的时候才知道，十一月的第一天是亡灵节。亡灵面包是国外很多地区在亡灵节食用的传统食物，用面团装饰的面包看起来像是骨头。下面就来教大家做同款亡灵面包吧。

电影上映那会，妈妈正好来上海做手术。当时医院里床位不够，只好在家等通知，大家心里都很焦虑。和妈妈一起看电影的时候，那句"死亡并不可怕，被遗忘才是"让我很触动。2017 年，我的奶奶去世了。如果真像动画片里那样，离世的亲人会回踩着花瓣桥回来探望，那该多好啊！请记住爱着的人！

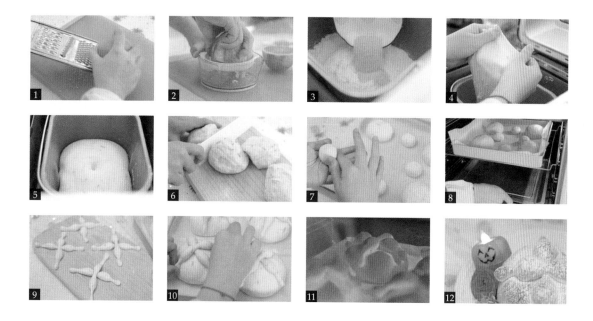

扫码观看视频

食材

橙子	1 个
牛奶	80g
高筋面粉	250g
鸡蛋	1 个
白砂糖	30g
盐	3g
酵母	3g
化黄油	20g
糖粉	适量

步骤

1 将橙子礤出橙子屑备用。

2 将橙子对切成两半后榨出橙汁备用。

3 向面包机中依次倒入牛奶、鸡蛋、白砂糖、盐、橙汁、高筋面粉、酵母，按下"启动"键，搅拌混合直至揉成光滑的面团。

4 加入化黄油、橙子屑搅拌，直至揉出手套膜。

5 揉好后让面团发酵1小时，直至膨胀为原来的2倍大，按一下没有明显回缩即可。

6 在砧板上撒些许防粘粉，将面团轻揉排气，平均分成4等份。

7 将每个面团都先切一小块揉成小面团，剩下的面团轻揉成球形，将面团大小相间放入铺好油纸的烤盘里。

8 送入烤箱，在烤箱底部加些热水进行2次发酵，发酵20分钟。

9 取出小面团，对切成两半后捏成骨头状，然后垂直叠放在一起。

10 大面团表面刷一层油，粘上骨头面团。

11 放入预热至180℃的烤箱，烤15分钟。

12 烤好后取出装入盘里，撒上糖粉，放上鲜花、摆上蜡烛装饰，寻梦亡灵面包就完成啦！

咕嘟咕嘟关东煮

一锅热腾腾的食物，在微凉的天气吃简直太完美了！

比如说，咕嘟咕嘟的关东煮！

说起关东煮，记起大学开学第一天的早晨，我看到一个穿着白衬衫的男生端着份关东煮，边吃边走进教学楼，那是我见老白的第一面。在一起之后，我俩经常会在晚自习前，跑去便利店买一份关东煮。临近考试，假装去图书馆自习的时候，也会买上一份关东煮。边吃边偷偷用手机看电影。咬一口煮的软乎乎丸子和萝卜，再喝一口一勺热乎乎的汤，真的暖和的不得了！关东煮仿佛串联了我和老白在一起的校园时光。今晚老白请我看电影，我请老白吃关东煮！只要熬一锅日式高汤，就能做出比便利店的还好吃的关东煮。

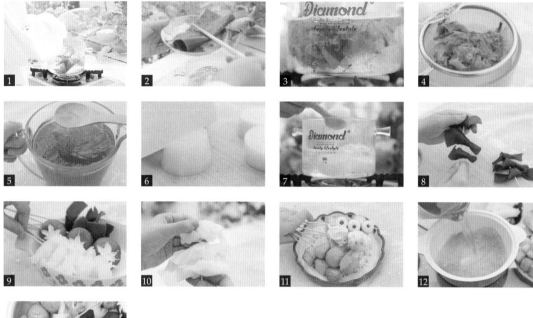

扫码观看视频

食材	
清水	1L
昆布	1块
木鱼花	2把
酱油	20mL
味醂	10mL
盐	10g
白砂糖	5g
白萝卜	1个
圆白菜	半个
魔芋丝	1盒
竹轮卷	1盒
鱼豆腐	1盒
芝士鱼丸	1盒
龙虾丸	1盒
香菇	适量
玉米	适量

1 将清水倒入锅中，放入昆布，大火煮15分钟。

2 昆布煮软后捞出待用。

3 加入木鱼花，小火煮沸后关火。

4 盖盖闷5分钟，把汤汁滤出。

5 在汤汁中倒入酱油、味醂、盐、白砂糖搅拌均匀，放置一旁备用。

6 将白萝卜切段，削去厚皮，在表面划"十"字形花纹。

7 锅里倒入清水，放入白萝卜煮掉涩味，煮软后捞出，放置一旁备用。

8 将煮软的昆布切成小段，每段打个小结，串在竹扦上，放在碗里。

9 在香菇上刻"十字形"花纹，将魔芋丝穿成串，放入盘中。

10 将圆白菜切片，放入沸水里烫软，捞出，卷起后穿成串。

11 将竹轮卷、龙虾丸、鱼豆腐、芝士鱼丸也穿成串，放入盘中。

12 在锅里倒入之前熬好的高汤，大火煮开。

13 放入穿成串的丸子和蔬菜，加入萝卜块、玉米，大火煮至沸腾，咕嘟咕嘟关东煮就完成啦！

Tips ✳

昆布和海带不是一种食材，买不到昆布的同学也可以用海带代替。

05

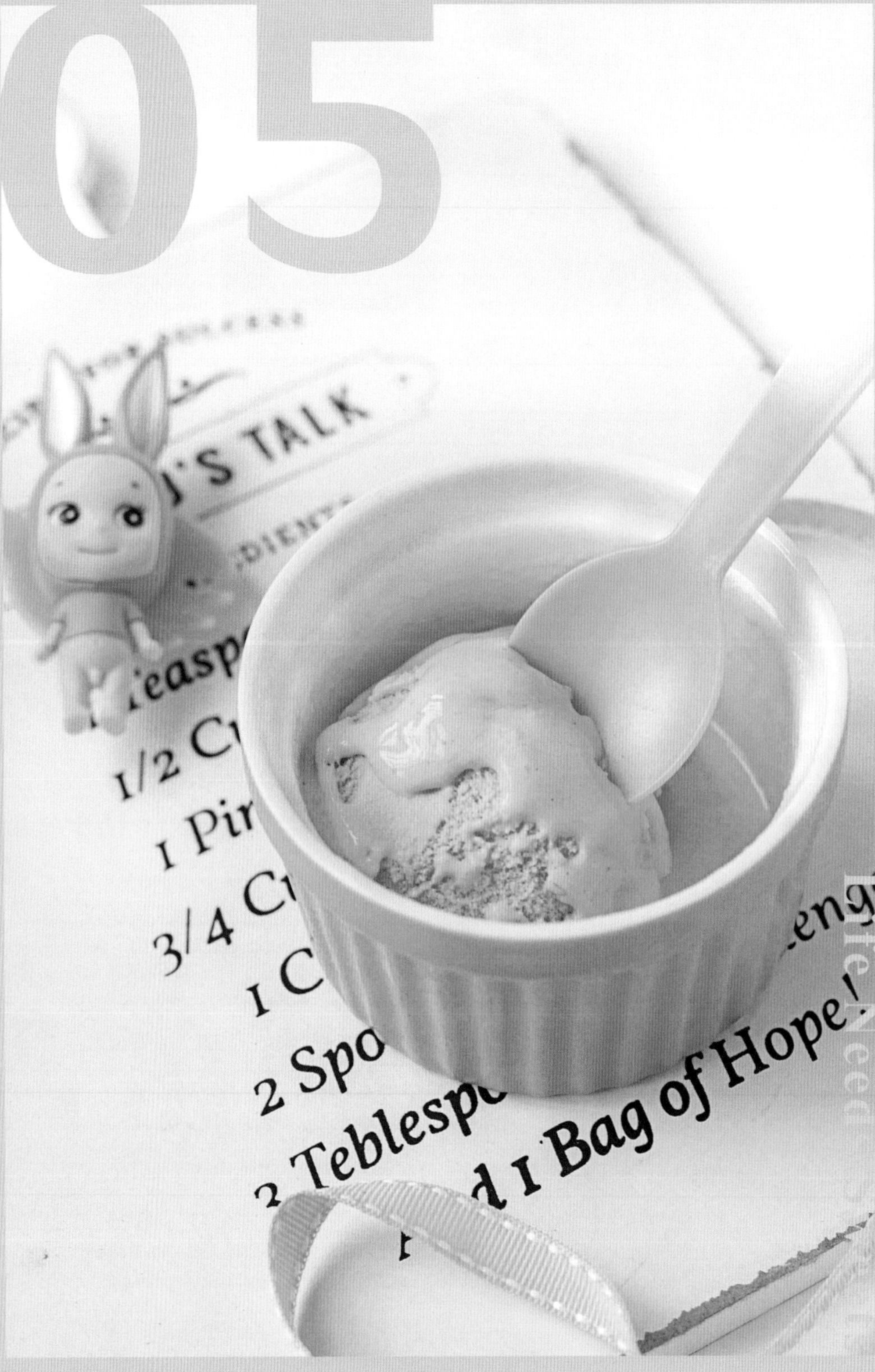

第五章

＊

生活一点甜

Life Needs Sweets

Life Needs Sweets　　　　　　　　生活一点甜

生活一点甜

Life Needs Sweets

扫码观看视频

滑嫩嫩的木瓜鲜奶冻

木瓜味道鲜美，含有胡萝卜素和丰富的维生素 C，有很强的抗氧化能力，女生多吃可以美容养颜。

我第一次在甜品店看到木瓜鲜奶冻的时候，觉得好神奇，牛奶居然能和木瓜牢牢地长在一起，而且木瓜和牛奶简直就是绝配，吃完觉得世界都变得甜甜的，以后一定要学会自己做！

后来才知道，原来只要把牛奶冻倒进去，凝固之后就能得到这份神奇的甜品了！不仅健康美味，还有美容养颜的功效哦，很简单哒！你们也赶紧试试吧！

食材

木瓜	1个
吉利丁片	10g
淡奶油	50mL
牛奶	100mL
白砂糖	20g

步骤

1 碗中倒入淡奶油、牛奶和白砂糖，小火加热并不断搅拌，至白砂糖融化后关火。

2 放入泡软的吉利丁片搅匀，用筛子过滤奶液，滤除气泡。

3 将木瓜洗净、去皮后切去1/3，去子。

4 将木瓜竖着放入杯中，倒入步骤1的混合物，封上保鲜膜。放入冰箱，冷藏凝固后切块即可，木瓜鲜奶冻就做好了，开吃吧！

梦幻雪花酥

雪花酥大家应该不陌生吧？

其实雪花酥和牛轧糖口感差不多，但是比牛轧糖料丰富很多。

逢年过节招待客人最合适不过。

我一直不太爱吃糖，但是雪花酥里脆脆的饼干和香香的坚果中和了棉花糖的甜味，特别好吃！

我一口气都可以吃好多个。

来教你们做和下雪天最配的雪花酥。制作时，连烤箱都不需要，只要有棉花糖，

用不粘锅把喜欢吃的放里面搅一搅就行了。

给自己做一份甜甜的点心，然后告诉自己：未来的日子一定会是甜甜哒！

扫码观看视频

奶香开心果雪花酥

食材

韧性饼干	90g
黄油	20g
棉花糖	75g
奶粉	20g
蔓越莓干	20g
开心果仁	30g

步骤

1 将韧性饼干掰成小块备用。

2 将锅加热，加入黄油至化开，倒入棉花糖搅拌均匀后关火，加入奶粉，用余温将奶粉搅拌均匀。

3 加入蔓越莓干、开心果仁、韧性饼干。

4 搅拌混合后带上一次性手套，用棉花糖裹住所有的饼干碎及坚果。

5 放入方形的不粘锅内按压整形，趁表面有余温时，在正、反面都撒上奶粉，冷却后切块，奶香开心果雪花酥就做好啦，开吃吧！

可可腰果雪花酥

食材

黄油	20g
棉花糖	75g
奶粉	17g
蔓越莓干	20g
开心果仁	30g
可可粉	3g
葡萄干	30g
腰果	30g
爆米花	65g

步骤

1 将黄油放入锅内，小火加热至化开，加入棉花糖搅拌至化开。关火，加入奶粉、可可粉搅拌均匀。

2 放入蔓越莓干、开心果仁、葡萄干、腰果、爆米花搅拌混合。

3 放入不粘锅内按压整形。将可可粉和奶粉混合均匀后撒在表面，冷却后切块，可可腰果雪花酥就做好啦，开吃吧！

紫薯麦片雪花酥

食材

黄油	20g
棉花糖	75g
奶粉	17g
紫薯粉	3g
混合麦片	30g
韧性饼干	90g

步骤

1 将黄油放入锅内，小火加热至化开，加入棉花糖搅拌至融化。关火，加入奶粉、紫薯粉搅拌均匀。

2 再放入混合麦片、韧性饼干混合搅拌。

3 戴上一次性手套揉捏，使棉花糖包裹住所有材料，放入不粘锅内按压整形。

4 将紫薯粉和奶粉混合均匀后撒在表面，冷却后切块，紫薯燕麦雪花酥就做好啦，开吃吧！

抹茶杏仁雪花酥

食材

黄油	20g
棉花糖	75g
奶粉	17g
抹茶粉	3g
蔓越莓干	30g
杏仁	30g
爆米花	65g

步骤

1 将黄油放入锅内，小火加热至化开，加入棉花糖搅拌至化开。关火，加入奶粉、抹茶粉搅拌均匀。

2 加入蔓越莓干、杏仁、爆米花混合搅拌。

3 放入不粘锅内按压整形。

4 将抹茶风粉和奶粉混合均匀，撒在表面，冷却后切块，抹茶杏仁雪花酥就做好啦，开吃吧！

养生桃胶炖

每到秋天，皮肤都会变得很干燥，这时候我就会炖一些中式的桃胶甜汤来喝。

桃胶，又叫"桃花泪"，它是从桃树上分泌的胶状物，干的桃胶呈结晶石状，很硬，看起来有点像琥珀，

用清水泡发后就会变软，有美容养颜、清血、降脂、润肠的功效，搭配其他滋补食材可以做成好喝的甜汤，热量还低，

简直是让人无法不爱啊！

下面就来教大家做桃胶的4种有爱吃法：

只要先学会冰糖炖桃胶，剩下的步骤就很容易啦，每一款甜汤都清甜又软糯，入口后淡淡的甜味透着水果的温润，像是

在吃果冻一般，丝毫不会觉得甜腻，

每一款都简单又好喝，

女生一定要学起来，给自己多一点宠爱！

扫码观看视频

冰糖炖桃胶

食材

桃胶	50g
冰糖	80g
清水	3L

步骤

1 将1L清水倒入桃胶中，泡发12小时（中间可以换一次水）。泡发至没有硬芯，剔除桃胶上的一些杂质，将较大的桃胶切成均匀的小块。

2 洗净的桃胶倒入养生壶中，倒入2L清水、冰糖，选择"养生"汤模式炖煮2小时以上，炖至出胶，冰糖炖桃胶就做好啦，开吃吧！

蔓越莓酒酿桃花羹

步骤

1 将冰糖桃胶加入甜酒酿中，加入蔓越莓搅拌均匀。

2 用干玫瑰花瓣做装饰，蔓越莓酒酿桃胶羹就做好啦，开吃吧！

食材

冰糖桃胶	100mL
甜酒酿	15g
蔓越莓	10g
干玫瑰花瓣	适量

西米椰汁桃胶露

食材

热水	1L
西米	50g
牛奶	200mL
椰浆	100mL
炼乳	20mL
冰糖桃胶	100mL

步骤

1 将热水用大火煮开，倒入西米煮至透明、有白芯，关火加盖，闷至透明，捞出过冷水备用。

2 锅中倒入牛奶、椰浆、炼乳，小火加热至融化。杯中倒入冰糖桃胶，放入西米，沿杯壁倒入牛奶椰浆，西米椰汁桃胶露就做好啦，开喝吧！

什锦水果桃胶糖水

步骤

1 将2种火龙果、芒果去皮后切成小块，装盘备用。

2 碗中倒入300mL冰糖桃胶，倒入切好的水果，放上薄荷叶装饰，什锦水果桃胶糖水就做好啦，开吃吧！

食材

红心火龙果	1个
白心火龙果	1个
芒果	1个
冰糖桃胶	300mL
薄荷叶	适量

萌萌哒蜜蜂小布丁

有段时间我感冒了，生病期间我一直吃的都是比较清淡的食物，症状稍微缓解的时候就特别想来一份冰冰凉凉的布丁，但是买了几个感觉味道都差不多，造型也很一般，总感觉少了一些新意，于是我决定自己做。

下面我就来教大家做萌萌哒蜜蜂小布丁。
把我大爱的黄桃和牛奶融合在一起，口感丝滑，味道微甜，口感清爽，一口吃进去，瞬间就在嘴里化开，吃了好多个也不会觉得腻。

做法也超级简单，不用进烤箱，只要煮一煮、搅一搅，放入冰箱冷冻就好啦！

步骤

1 将黄桃切开，加入牛奶、白砂糖，放入榨汁机中打至顺滑。

2 倒入奶锅中加热至温热，关火，加入泡软的吉利丁片，搅拌至融化。

3 将搅拌好的布丁液用筛子过滤，除去气泡。

4 倒入容器内，放入冰箱冷藏至凝固。

5 将切好的黄桃放在厨房纸巾上吸干表面的水分，用巧克力笔画上小蜜蜂图案。

6 放入杯中，插上杏仁片做翅膀，萌萌哒蜜蜂小布丁就做好了，开吃吧！

扫码观看视频

食材

牛奶	200mL
黄桃	2个
白砂糖	15g
吉利丁片	5g
巧克力笔	1支
杏仁片	适量

香甜嫩滑的焦糖布丁

一直有同学想让我做些使用烤箱制作的入门级甜品，焦糖布丁就是我刚接触烘焙时做的第一
个甜品。香甜伴着滑嫩轻柔，还带有浓浓的奶香，入口即化，让人念念不忘。
下面就来教大家做不会失败的焦糖布丁。一口下去甜蜜的味道在舌尖散发开来，
简直就是幸福的味道啊！
颜值这么高又能满足味蕾的甜品，应该没有人会不爱吧？

扫码观看视频

食材

蛋黄	3个
淡奶油	200mL
牛奶	100mL
白砂糖	20g

步骤

1 将淡奶油、牛奶、白砂糖倒入奶锅中，
小火加热不断搅拌，待白砂糖融化后关火。

2 放凉后，加入蛋黄搅拌均匀。

3 缓慢过筛布丁液，过滤掉气泡。

4 将过滤后的布丁液倒入碗中。

5 将烤箱预热至170℃，烤盘内加热水，放入步骤4中的碗，烤20分钟后，在
布丁表面撒一层白砂糖。

6 将烤箱温度调至200℃，再烤15分钟，香甜嫩滑的焦糖布丁就完成了。

小兔子慕斯

中秋节的时候，做一份应景的小玉兔甜品。

小兔子乖巧地卧在盘子上，粉嫩的耳朵，呆萌可爱的样子看着就很治愈。用酸奶做的慕斯兔，吃起来软糯、冰凉，酸甜可口，完全不会觉得腻。

做法简单、有趣，买个模具就能完成，先把酸奶慕斯做好，再用巧克力笔给兔子画一个美美的妆，拿去冷冻就完成啦，赶快来试试吧！

食材

奶油奶酪	30g	淡奶油	30mL
白砂糖	15g	粉色巧克力笔	1支
吉利丁片	3g	黑色巧克力笔	1支
酸奶	30mL		

扫码观看视频

步骤

1 将奶油奶酪、白砂糖用隔水加热法化开，打发至顺滑后倒入酸奶搅拌均匀。

2 放入泡软的吉利丁片，搅拌至吉利丁融化。

3 向酸奶糊中倒入打发好的淡奶油。

4 融化巧克力笔，在模具中画出兔子耳朵、眼睛和嘴巴。

5 用酸奶糊填满模具，冷冻一晚。

6 缓缓地使兔子慕斯脱模，小兔子慕斯就完成啦！

云朵舒芙蕾

各种口味的舒芙蕾都超级好吃，松松软软、入口即化，一口下去简直太幸福了！

我一口气做了4款当下最流行的舒芙蕾松饼，

每一款都像云朵一样柔软，轻轻一抿就爆出甜蜜浓郁的香气。

寓意也非常甜蜜和浪漫呢，可以做来送给喜欢的人噢！

做法也非常简单，用平底锅就能完成，但是记得要趁热吃，不然会塌掉哒！

扫码观看视频

原味舒芙蕾松饼

食材

鸡蛋	2个
低筋面粉	25g
泡打粉	2g
牛奶	20mL
白砂糖	25g
柠檬汁	3mL
清水	15mL
食用油	适量

步骤

1 将鸡蛋蛋清、蛋黄分离，将蛋黄倒入牛奶中搅拌均匀，筛入低筋面粉，加入泡打粉搅拌顺滑。

2 在蛋清中加入柠檬汁去腥，分次加入白砂糖，打发至呈小尖勾状。

3 取三分之一蛋白糊倒入蛋黄糊中，翻拌均匀。

4 将翻拌好的蛋黄糊全部倒入蛋白糊中翻拌均匀，将面糊倒入裱花袋中备用。

5 准备一口不粘平底锅，刷上食用油，小火加热。挤入面糊，倒入15mL清水，盖上锅盖焖1分钟。

6 开盖，翻面后继续盖上锅盖焖1分钟，盛出装盘，原味舒芙蕾松饼就做好啦，开吃吧！

酸奶蓝莓舒芙蕾松饼

食材

酸奶	100g
蓝莓	若干
燕麦片	若干
原味舒芙蕾松饼	1个

步骤

　　在原味舒芙蕾松饼上倒入浓稠的酸奶，撒上蓝莓或燕麦片，也可以添加自己喜欢的水果，酸奶蓝莓舒芙蕾就做好啦，开吃吧！

冰激凌果酱舒芙蕾松饼

食材

草莓酱	20g
冰激凌球	1个
原味舒芙蕾松饼	1个
薄荷叶	适量

步骤

　　挖入1个冰激凌球放入碟中。将原味舒芙蕾松饼放入碟中，涂上20g草莓果酱，用薄荷叶做装饰，冰激凌果酱舒芙蕾就做好啦，开吃吧！

巧克力香蕉舒芙蕾松饼

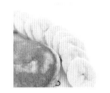

食材

原味舒芙蕾松饼	1个
香蕉片	100g
巧克力酱	适量
奶粉	适量

步骤

在碟中放入香蕉片及原味舒芙蕾松饼。淋上巧克力酱，撒上奶粉，巧克力香蕉舒芙蕾就做好了，开吃吧！

黑糖珍珠舒芙蕾松饼

食材

淡奶油	50g
黑糖	1块
珍珠圆子	若干
原味舒芙蕾松饼	1个

步骤

在原味舒芙蕾松饼上抹上打发好的淡奶油，淋上珍珠圆子，撒上黑糖，黑糖珍珠舒芙蕾就做好了，开吃吧！

电饭煲橙子蛋糕

电饭煲能做蛋糕吗？当然可以！
用电饭煲做出来的橙子蛋糕色泽金黄，浓郁的橙子味香气扑鼻，用勺子轻轻挖一块，味道香甜可口，一点也不甜腻，吃完嘴里还留有一丝淡淡的清香，让人忍不住要再来一块。闲暇的时候邀请朋友来家里做客，用来做下午茶再合适不过啦，没有烤箱的同学，做起来也会很容易。

食材

橙子	1个	食用油	40mL
鸡蛋	2个	泡打粉	2g
白砂糖	80g	奶油奶酪	50g
低筋面粉	100g	柠檬汁	10mL

扫码观看视频

步骤

1 将鸡蛋打入容器中，倒入白砂糖，高速打发至蛋糊变得黏稠。

2 加入奶油奶酪，低速打匀。

3 筛入低筋面粉和泡打粉，打匀。

4 将橙皮丁、食用油、柠檬汁倒入面糊中，搅拌均匀。

5 在电饭煲内壁刷油，撒上少许白砂糖，贴上切薄片的橙子。

6 倒入面糊，用"快煮模式"加热40分钟，绵密松软、满满橙香的电饭煲橙子蛋糕就完成啦！

扫码观看视频

柯基年糕团

最近被糯米给迷住了，任何糯米做的食物我都忍不住想来一口！
你们爱不爱吃那种一串串的日式糯米团呀？蘸着黑糖酱非常好吃，
话说日本有家店把糯米团做成了柴犬的样子，造型非常可爱。

我家有只狗叫LOMO，是我和老白从狗贩手里救下来的柯基小串串！这款年糕团的造型
创意就来源于它。

周末可以在家试试看，搓搓小团子浇上黑糖酱就好啦，好吃又好玩！

食材

糯米粉	100g
黏米粉	50g
温水	100mL
黑糖	20g
淀粉	3g
竹扦	若干
海苔	适量

步骤

1 将糯米粉与黏米粉搅拌均匀，倒入温水，搅拌后揉成面团。

2 取一小部分面团，捏成柯基的形状，粘上尾巴和爪子。

3 锅内水烧开，将团子煮至浮起，出锅过凉水备用。

4 将黑糖倒入100mL水中，煮开后，加入淀粉搅拌，小火煮至浓稠。将团子穿入竹扦，团子边淋上黑糖酱作为装饰。将海苔剪成小菊花的形状粘在团子上，柯基年糕团就做好啦，开吃吧！

红豆年糕汤

生理期那几天特别怕冷，这时候最适合喝点暖暖的甜汤啦！

嘿嘿，煮碗红豆汤其实很简单，下面就从做一块软糯有嚼劲的年糕开始教起。
把做好的年糕烤得外表酥脆、内芯软糯，再放入煮好的红豆汤中，香甜又可口。

趁热喝一碗，就能抵御所有的寒冷啦！

扫码观看视频

食材

糯米粉	80g
黏米粉	40g
纯牛奶	70mL
清水	40mL
红豆	100g
冰糖	30g

步骤

1 将糯米粉、黏米粉混合均匀，慢慢加入清水和纯牛奶搅拌均匀，用手捏成表面光滑的扁圆形面团。

2 将面团放入锅中蒸30分钟至透亮，取出，放入盆里用木槌敲打。

3 保鲜膜抹上油后，放入面团，揉成圆柱形，放入冰箱静置。

4 取出后，切成厚片。放入预热至160℃的烤箱，上、下火烤10分钟直至表面焦黄。

5 将浸泡好的红豆和冰糖一同倒入锅内，加入适量清水，熬煮出沙。将红豆汤盛在碗的三分之二处。将年糕铺在顶端，红豆年糕汤就做好啦，开吃吧！

扫码观看视频

蓝莓便当蛋糕

刚搬到工作室的时候，在露台上养了好多花，现在都开啦！
每天剪下几枝花插在花瓶里，一下就会觉得好有活力！

天气好的时候，就可以做点小甜品，在露台上喝下午茶啦！
这款蓝莓便当蛋糕制作过程不是很复杂，它其实就是装在便当盒里的小小裸蛋糕！烤个蛋糕坯，抹上奶油就行了！
不需要裱花功力就能做得很漂亮了，"手残党"也能做。重点是可以把你想写的话，偷偷放在便当盒里。这样送给喜欢的人，他（她）一打开就能看见啦！

食材

蓝莓	100g	淡奶油	250mL	蛋糕坯	1块
白砂糖	20g	白砂糖	10g	便当盒	1个
柠檬	1个	蓝莓	10个		
薄荷叶	适量	蓝莓酱	适量		

步骤

1 碗中倒入100g蓝莓、2g白砂糖，将蓝莓和白砂糖捣碎出汁。

2 锅内倒入蓝莓泥，加入清水，开小火熬成酱。

3 再挤入柠檬汁，将蓝莓酱熬至浓稠。趁热倒入小瓶子中，用细绳密封扎紧，放入冰箱冷藏12小时即可。

4 将淡奶油倒入容器中，加入10g白砂糖，打发至形成清晰的纹路。打发完全后，倒入蓝莓酱，搅拌均匀。

5 取一块蛋糕坯，均匀地切成厚片。

6 放入蛋糕片，抹上奶油，重复这套动作。可以写上自己想说的话藏在盒子里，在顶部的奶油上放上10个蓝莓。放上薄荷叶作装饰，就大功告成啦！

爆浆珍珠蛋糕

有时候会特别想吃点甜甜的蛋糕和奶茶补充能量，即使知道会变胖，还是控住不住自己。

说到蛋糕，你们都知道一直很火的爆浆蛋糕吧？铺满芝士奶盖的蛋糕一刀切下去，简直太诱人啦，每次喝奶茶的时候都能想起它，来教大家，用一杯珍珠奶茶做爆浆珍珠蛋糕，湿润松软的戚风蛋糕上铺着咸甜的爆浆奶盖和有嚼劲的黑糖珍珠，切开就会爆浆，入口香滑有嚼劲，别提有多治愈了，每一口下去，唇齿间都是幸福。

虽然做起来需要些耐心，但完成之后成就感满满。

食材

蛋糕坯：

鸡蛋	3个
食用油	30mL
奶茶	30mL
白砂糖	70g
低筋面粉	80g

奶盖：

奶油奶酪	50g
淡奶油	200mL
牛奶	50mL
白砂糖	20g
海盐	2g

黑糖珍珠：

珍珠圆子	300g
黑糖	1块
珍珠奶茶	1杯

扫码观看视频

步骤

1 先做一个奶茶味的蛋糕坯：将鸡蛋蛋清、蛋黄分离，取3个蛋黄，加入30g白砂糖，搅拌至浓稠。一边搅拌、一边倒入食用油，最后筛入80g低筋面粉，搅拌均匀。

2 制作蛋白霜：用打蛋器将蛋清打发至出现粗泡，分2次加入40g白砂糖，最后打发至呈尖勾状。取三分之一的蛋白霜倒入蛋黄糊中粗略翻拌，倒回蛋白霜碗中空白的地方翻拌均匀。

3 将烤箱预热至150℃。将蛋糕糊倒入6寸的中空蛋糕模具中，震出气泡，放入烤箱，烤45分钟，中途可以加盖一张锡纸防止上色过深。

4 取出后，将蛋糕震出气泡防止塌陷，倒扣放凉，脱模后，切平整备用。

5 制作奶盖：打发奶油奶酪，加入淡奶油、牛奶、白砂糖、海盐打发至有纹路，放入冰箱冷藏备用。

6 制作黑糖珍珠：锅内倒入200mL清水大火煮开，放入1块黑糖搅拌融化，过滤出珍珠奶茶中的珍珠圆子放入锅内，煮至浓稠。

7 最后就来组装蛋糕：将奶盖装入裱花袋，挤至蛋糕中空部分三分之二处，加入40g黑糖珍珠。

8 将奶盖挤满蛋糕表面，用抹刀微微抹平，表面放上200g黑糖珍珠，爆浆珍珠蛋糕就完成了，开吃吧！

Tips ✳

1/ 搅拌蛋黄时，需搅拌较长时间，搅拌至蛋黄微微发白，像蛋黄酱一样的质地，最好不要用电动打蛋器，否则会混入太多的空气。

2/ 没有中空模具也可以用普通的戚风模具代替，最后在中间挖个洞。

热乎乎的姜撞奶

综艺节目《向阳的生活》中，黄磊老师每期都会做各种好吃的，每次看节目的时候，我都边看边流口水…

有一期节目中，黄磊老师做了姜汁撞奶，我是个不太喜欢姜味的人，但看到陈伟霆吃姜汁撞奶时的满意的表情，瞬间被馋哭了，立刻自己去做了一份，边吃、边看特别满足！

下面就来教大家做：黄磊老师同款姜汁撞奶！

姜汁撞奶的制作过程还是蛮有趣的！牛奶加热后和姜汁中的蛋白酶撞在一起，牛奶的口感就会像被施了魔法一样变成和滑嫩嫩的豆腐一样的口感。什么添加剂都没加。生姜性温，和牛奶搭配就能达到散寒暖胃、祛痰、理气的效果。吃起来香醇爽滑，入口即化，甜中带点辣、风味独特。
女生可以多吃哦，养生、解馋两不误。

一般来说，姜汁撞奶是不用上锅蒸的，我做的那碗在还没蒸之前就已经凝固了。不过既然是做同款，所以也用了和黄磊老师一样的做法去蒸，热气腾腾的，吃着也很棒。

食材

全脂牛奶	300mL
生姜	100g
白砂糖	30g
蓝莓	适量
薄荷	适量

步骤

1 生姜去皮、切块。

2 将姜块放入榨汁机中，加30mL清水榨出姜汁。

3 碗中放一块纱布，倒入打好的姜汁，过滤掉姜渣。

4 全脂牛奶用小火煮沸，加入白砂糖轻轻搅拌至融化。

5 牛奶煮到80℃后放在一旁备用。

6 将牛奶倒入装有姜汁的碗中，无须搅拌。

7 将混合好的姜汁撞奶放入锅中，隔水蒸3分钟。

8 凝固后放上蓝莓、薄荷，热乎乎的姜汁撞奶就完成啦！

Tips ✳

1\ 糖的用量可以根据自己的喜好进行调整。

2\ 姜汁撞奶不用蒸就可以自然凝固啦，想吃热气腾腾的可以再蒸一会儿。

扫码观看视频

爆浆蓝莓麦芬

前两天看了很治愈的《小森林》，里面的小朋友们每天一醒来就要找蓝莓吃，做蓝莓酱的时候还忍不住偷吃，真的太可爱啦！

这款爆浆蓝莓麦芬，轻软湿润的黄油蛋糕搭配爆浆蓝莓，口感焦脆，香甜美味，清新又自然，一口咬下去，满口的蓝莓香，真的太治愈啦！

做起来超容易上手，在家做好后，叫上好朋友，吃着又圆又胖的蓝莓麦芬，再喝杯饮料，好好享受这悠闲的下午吧！

食材

低筋面粉	310g
泡打粉	10g
玉米淀粉	30g
奶粉	15g
牛奶	173g
黄油	198g
糖霜	135g
鸡蛋	3个
杏仁粉	25g
蓝莓	1盒

步骤

1 先来做酥粒：把25g低筋面粉、杏仁粉、部分黄油混合，搓成酥粒状放置一旁备用。

2 将剩余黄油化开后加入糖霜打发。

3 将鸡蛋打成蛋液，缓慢加入，筛入285g低筋面粉、泡打粉、糖霜、玉面淀粉、奶粉搅拌均匀。

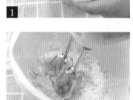

4 继续缓慢加入牛奶搅拌至无颗粒。

5 将拌好的面糊装入裱花袋里，挤五分之一到纸杯里。

6 在纸杯里加入适量的蓝莓，再挤入面糊到七分满。再加少量蓝莓，撒上之前做好的酥粒，放入预热至180℃的烤箱上、下火烤25分钟，爆浆蓝莓麦芬就完成啦！

隔夜厚吐司

你们每天早上起床都吃什么早餐?

我经常看到很多同学为了赶上班,干脆就不吃早饭了,直接饿到中午,但这样对胃非常不好。这道隔夜厚吐司,外皮酥脆,里面又像布丁一样嫩,奶香浓郁,甜而不腻,做起来也很简单,睡前泡好吐司,早上起来放进烤箱烤就行,简单、快手又方便,答应我,以后每一天都要好好吃早餐!

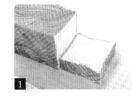

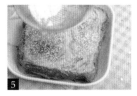

食材

厚吐司	1份	白砂糖	15g
鸡蛋	2个	蜂蜜	10mL
糖粉	5g	蓝莓	适量
牛奶	200g	草莓	适量
黄油	10g		

步骤

1 将厚吐司切成5厘米左右的厚片。

2 鸡蛋中加入白砂糖、牛奶搅拌均匀,直至充分融合。

3 将切好的吐司放进碗里,倒入蛋奶液,盖上保鲜膜,放入冰箱中冷藏一晚。

4 取出浸泡一夜的厚吐司,在表面放上黄油。

5 放入预热至200℃的烤箱烤20分钟,如果担心上色过重,可以盖上锡纸再烤。

6 取出后,撒上糖粉。均匀地淋上蜂蜜,再用草莓、蓝莓和薄荷叶装饰,隔夜厚吐司就完成啦!

扫码观看视频

图书在版编目（CIP）数据

厨娘物语 / c小鹿著. —北京：中国轻工业出版社，2021.4
ISBN 978-7-5184-2631-7

Ⅰ.①厨… Ⅱ.①c… Ⅲ.①西式菜肴－食谱 Ⅳ.①TS972.188

中国版本图书馆CIP数据核字（2019）第185644号

责任编辑：卢　晶　　责任终审：劳国强　　封面设计：王超男
版式设计：王超男　　责任校对：晋　洁　　责任监印：张京华

出版发行：中国轻工业出版社（北京东长安街6号，邮编：100740）
印　　刷：北京博海升彩色印刷有限公司
经　　销：各地新华书店
版　　次：2021年4月第1版第1次印刷
开　　本：787×1092　1/16　印张：16
字　　数：300千字
书　　号：ISBN 978-7-5184-2631-7　定价：68.00元
邮购电话：010-65241695
发行电话：010-85119835　传真：85113293
网　　址：http://www.chlip.com.cn
Email：club@chlip.com.cn
如发现图书残缺请与我社邮购联系调换
190098S1X101ZBW